Camino Portuguese Central

길에서 문화를 걷다

여행자들이여, 길은 따로 없다.
당신의 걸음이 길을 만든다.

- 안토니오 마차도
(Antonio Machado, 1875~1939, 스페인)

Camino Portuguese Central

포르투에서 산티아고까지

길에서 문화를 걷다

조현미 지음

푸른길

Camino Portuguese Central

'카미노 포르투게스 중앙 길' 안내

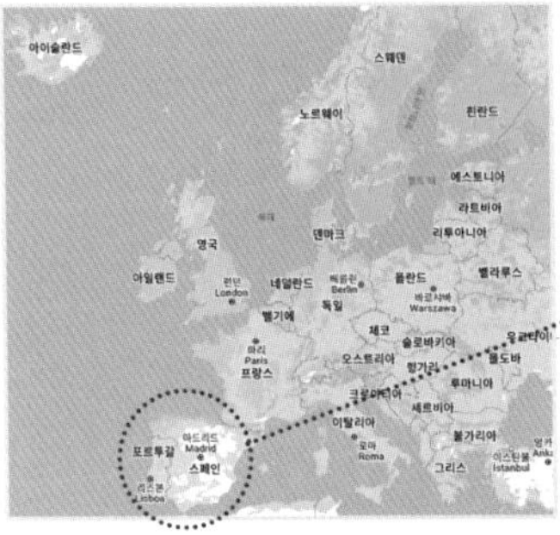

유럽 내 포르투갈과 스페인의 위치

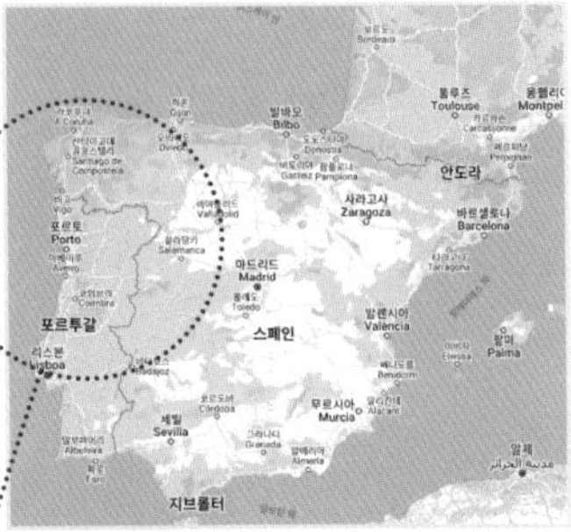

이베리아반도의 포르투갈과 스페인

카미노 포르투게스 중앙 길(Camino Portuguese Central)

프롤로그

길에서 문화를 걷다

카미노 포르투게스(Camino Portuguese)! 산티아고(Santiago)까지 가는 포르투갈 길을 말한다. 이 길을 처음 걷게 된 이유는 산티아고 순례길을 꼭 한번 걸어보고 싶었지만 엄두가 나지 않았던 나에게 포르투(Porto)에서 산티아고까지 255km의 길은 도전해볼 만하다 여겨졌기 때문이다. 가장 잘 알려진 프랑스 길 800km에 비하면 부담감이 적고, 프랑스 길보다 걷는 사람이 적어서 조용하게 사색하면서 걸을 수 있을 뿐만 아니라 길이 그다지 험하지 않아서 운동을 많이 하지 않는 여성이 걷기에도 무리가 없다는 여러 매체를 통한 정보를 접하고 나니, 평소에 허리와 발의 통증으로 힘들어하고 있던 나도 걸을 수 있겠다는 용기가 생겼다.

그래서 선택한 포르투에서 시작하는 산티아고 중앙 길(Camino Portuguese Central) 중에서도 길이 복잡하고 위험한 도로변을 걷는 구간이 많다는 포르투를 생략하고, 기차로 두 구간을 건너뛰어 바르셀루스(Barcelos)에서 산티아고까지 걸었다. 이때가 2019년 5월 29일이었다. 그런데 너무도 친절하게 표시된 노란 화살표가 길을 잃지 않도록 인도해주었음에도, 그리고 정말 다양한 책과 인터넷 정보를 숙지하고 메모까지 하고 떠났음에도 산티아고가 가까워질수록 편향된 정보와 내가 걷고 있는 길과 문화에 대한 무지에 혼란스러워지기 시작했다. 그리고 지나치게 겁을 먹고 포르투에서부터 걷지 않았던 것에 대한 후회까지 밀려오기 시작했다.

그래서 5개월 후, 10월 24일부터 나는 이 길을 포르투에서부터 다시 걷기 시작했다. 처음 걸었을 때 목적지에 도달해서야 살 수 있었던 상세한 안내 책자와 두 번째 걸을 때부터 본격적으로 이용할 수 있었던 인터넷 앱을 이용해 내가 걷고 있는 길의 의미를 충분히 음미하면서 걷고 싶었다. 정말 그러고 싶었다. 하지만 그렇게 준비해갔음에도 불구하고 지나가는 길에 보이는 다양한 건축물과 도시에 대한 제대로 된 정보는 없을 뿐만 아니라 상당히 파편적이었으며, 산티아고에서 산 영어로 된 안내 책자에서 필요한 부분을 적확하게 빼내어 이해하는 능력도 내게는 부족함을 새삼 깨달았다.

게다가 두 번째 걷기 시작한 것이 본격적인 우기에 추위가 시작되는 시점이어서 11월이면 많은 알베르게(Albergue)가 문을 닫고, 5월에는 적당한 간격으로 열려있던 바르(Bar)도 거의 영업 중지 상태여서 열심히 준비한 순례길은 비로 젖은 옷과 신발로 그야말로 고행의 길이 되고 말았다. 어쩌면 두 번째의 길이 진정한 의미에서 순례길이 되었는지도 모르겠다. 하지만 나는 산티아고 길을 걷겠다고 결심한 사람들에게 어느 루트이건 절대 10월 중순부터 1월 사이는 피하라고 권하고 싶다. 수행을 넘어 고행의 순례길을 원하지 않는다면….

5월 말에서 6월 중순까지의 포르투갈 길은 뜨거운 자외선 아래 걷는 것이 힘들었지만 그래도 땀으로 흠뻑 젖은 옷을 빨아서 널면 2시간 이내에 뽀송뽀송하게 마르고, 지친 몸을 기대고 멀리 보이는 초록에 마음을 맡기고 하루의 일과를 되돌아보면서 정리하는 시간이 무엇보다 행복했다. 한국에서 쫓기듯이 살던 일상을 떠올릴 필요도 없었고, 하루하루 걷는 것 말고는 다른 것을 생각하지 않아 좋았다. 진정한 마음의 여유를 맘껏 누릴 수 있는 소중한 경험이었다. 그래서 다시 걷고 싶다는 생각이 들었던 것인지도 모르겠다.

같은 길을 두 번 걸으면서 시행착오도 정말 많았다. 낯선 외국을 혼자 여행하자면 누구나 여러 가지 실수도 하겠지만, 특히 순례길이기에 겪었던 당황스러웠던 경험을 다 늘어놓자면 지면이 모자랄 정도다.

첫 번째 길에서는 포르투에서 순례길에 필요한 모든 장비는 다 구할 수 있고, 나처럼 먼저 스페인을 여행하고 난 후에 걷는 사람들을 위하여 여분의 짐을 산티아고 우체국으로 부치면 순례가 끝난 후까지 보관해주며, 매일매일 배낭을 짊어지고 걷지 않아도 일명 '동키 서비스'라고 하는 택배 시스템을 이용하면 된다는 달콤한 정보가 걸을 수 있겠다는 용기를 줬지만, 역시 가장 기본적인 물품은 미리 준비해야 했으며 포르투와 산티아고는 포르투갈과 스페인이라는 별개의 국가이므로 우체국 간의 택배는 불가하며, 동키 택배 서비스는 구간마다 가능하고 숙소에서 도움을 주기도 하지만 본인이 직접 확인하지 않으면 낭패를 당할 수도 있다는 점들이다.

원칙적으로 동키 서비스는 본인이 직접 서비스회사에 전화하고, 다음 숙소에도 연락해서 받아줄 수 있는지를 확인해야 한다. 그리고 포르투에서 산티아고까지 수화물을 부치려면 우체국이 아니라 택배 서비스를 해주는 다른 업체의 주소를 적어야 한다. 최근 이와 같은 수화물 보관 서비스를 해주는 한인 민박이나 대행업체가 늘어나는 것 같다.[1] 이외에도 너무 많지만 그래도 가장 기본적이면서 중요한 것은 언제라도 짊어지고 갈 수 있도록 짐을 줄이고 마음만 있으면 걸을 수 있다는 자신감을 가지는 것이다. 말이 통하지 않더라도 세계 공용어인 보디랭귀지가 있으며, 가야 할 방향을 친절하게 알려주는 노란 화살표가 있으니 지나치게 걱정할 필요가 없다. 그리고 가는 길목마다 적당한 곳에 반드시 쉼터가 있고 숙소가 있으니, 어디서 쉴까 어디서 잘까 걱정할 필요도 없다.

그렇게 말하면서도 다녀온 후 내가 걸었던 길에서 그때는 미처 알지 못하고 걸었던 곳들을 다시 한 곳 한 곳 짚어가며 책과 인터넷 정보, 해당 지역의 공공 사이트까지 뒤지기 시작했다. 많은 이들은 이런 정보가 왜 필요하냐고 하겠지만 나는 내가 보는 이 아름다운 건물과 풍경이 언제, 어떻게, 왜 만들어졌는지 궁금하고 알고 싶었다. 그리고 이왕이면 이러한 내용을 걷기 전에 미리 알았다면 좋았을 것이라는 생각이 간절했다. 그 간절함을 담은 이 글이 나와 같은 궁금증을 안고 이 길을 걸을 다

[1] 예를 들어, 카사 이바르(Casa Ivar)가 있다. 카사 이바르의 짐 보관 서비스에 관한 자세한 내용은 다음 사이트를 참조하기 바란다. https://casaivar.com/

른 이들에게 조금이나마 도움이 되었으면 좋겠다.

이 책에 실은 글들은 첫 번째 걸었을 때의 경험을 주로 적었으며, 첫 번째 길에서 걷지 못했거나 사진을 찍지 못했던 곳은 두 번째 길에서의 경험을 보탰다. 그리고 숙소는 반드시 공립 알베르게만을 고집하지 않고, 사립 알베르게와 1성급에서 3성급까지의 호텔을 다양하게 이용하였으므로 알베르게를 찾아가는 경로는 표시하지 않았다. 그리고 수많은 산티아고 순례길 관련 책에서 설명하고 있는 이 길의 역사적 의미와 기초적인 인사말 등은 생략했다. 또한, 거리 표시는 자료에 따라 약간의 차이가 있으므로 이 책에서는 존 브라이어리(John Brierley)의 『Camino Portugués』의 거리 표기를 따랐다.

산티아고 순례길을 걷고 싶지만 엄두가 나지 않아 시도하지 못하고 있는 많은 분이 이 책을 통해 먼저 포르투에서 첫발을 떼어보기를 권한다. 이 길은 내가 걷는 그 시간이 절대 아깝지 않을 정도로 무척이나 아름답고 충분히 정겹다. 이 길에서의 자신감이 자신도 모르게 다음 길의 계획을 세우게 할 것이다. 나 역시 다음 걸음으로 포르투갈의 리스본에서 출발하는 600km를 계획하고 있다.

길과 지역의 문화에 관해 관심이 있는 사람들, 특히 내가 걷고 있는 길이 어떤 역사와 문화를 가졌는지를 알고 싶어 하는 많은 분에게 이 글이 조금이나마 도움이 될 수 있기를 바란다.

차 례

1

Camino Portuguese Central

순례의 시작, 포르투(Porto)

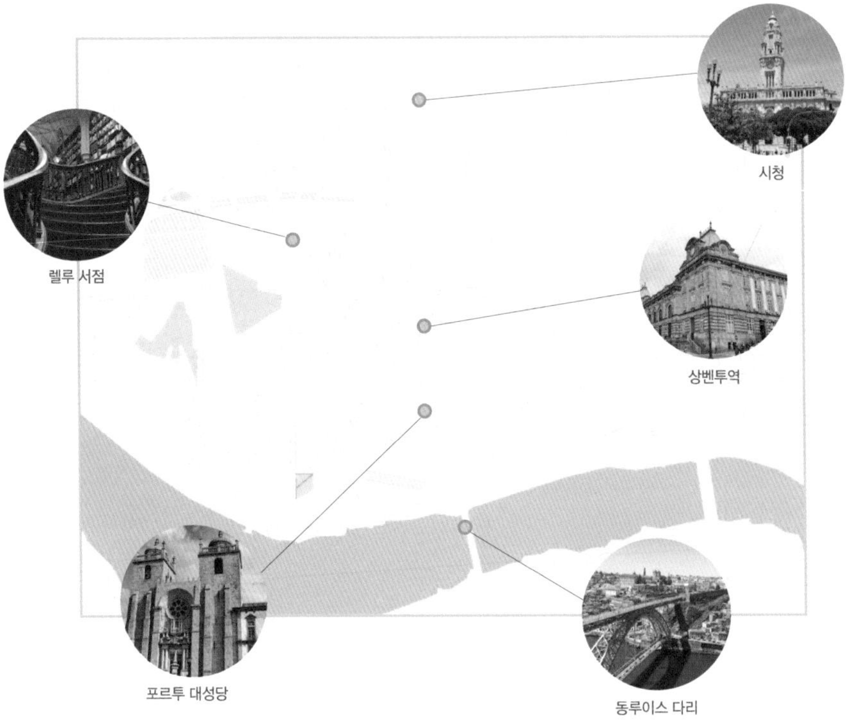

순례의 시작, 포르투(Porto)

1

Start

도루강(Rio Douro) 하구가 내려다보이는 언덕에 자리 잡은 항구도시 포르투는 2000년의 역사가 살아있는 포르투갈 제2의 도시로, 뛰어난 경관을 자랑하는 곳이다. 로마인들에 의해 항구(Portus, 포르투스)라는 뜻에서 이름 붙여진 포르투 시가지의 역사 지구는 1996년에 세계문화유산으로 지정되었는데, 이곳의 아름다운 건축물들을 통해 문화와 상업을 통한 유럽의 도시 발달 과정을 볼 수 있다.

도루강 연변은 페르난디네(Fernandine) 성곽으로 둘러싸여 있는데, 이 성곽은 1336년에 동 아폰수 4세(Dom Afonso IV)가 만들기 시작하여 후계자인 동 페르난두(Dom Fernando)의 통치 기간에 완성되었다. 역사 지구에는 로마네스크 양식의 대성당을 비롯하여 중요한 교회 건물이 많다. 훌륭한 고딕 양식 교회 중에는 상프란시스쿠(São Francisco) 성당이 있고, 르네상스 말기에서 바로크 시기 사이에 성행했던 마니에리스모(Manierismo) 양식으로는 상로렌스 두스 그릴로스(São Lourenço DOS Grillos) 성당이 있으며, 후기 고전 르네상스 요소가 들어있는 고딕 마누엘 양식으로 산타클라라 성당, 비토리아성모(Nossa Senhora da Vitória) 성당이 있다. 또한, 초기 바로크 양식인 자비의 성당(Igreja da Misericórdia), 니콜로 나소니(Niccolò Nasoni)의 클레리구스(Clérigos) 성당도 있다. 이렇게 다양한 시대별 종교건축을 포르투 중심가에서 볼 수 있다. 그런데 비토리아 성당의 명칭에 붙어있는 노사 세뇨라(Nossa Senhora)는 영어로는 'Our Lady', 즉 성모마리아를 뜻한다. 포르투갈에는 수많은 노사 세뇨라 성당이 있는데, 이 책에서는 이를 모두 성모 성당으로 옮겼다.

포르투에는 이 밖에도 눈에 띄는 건물이 많은데, 그중에서도 상벤투(São Bento) 기차역과 포르투 시청사는 포르투의 랜드마크로 손꼽히는 곳이다. 특히, 상벤투역은 역 안의 아줄레주(Azulejo)가 아름답기로 유명한 곳으로, 열차를 이용하는 승객보다 역 내의 아줄레주를 보기 위하여 방문하는 방문객이 월등하게 많은 곳이기도 하다. 현재는 근교를 다니는 열차만 운행하며, 중앙역은 다른 곳에 있다. 역 안에 호텔이 있다.

'작고 아름다운 돌'이라는 아라비아어에서 유래된 아줄레주는 포르투갈의 독특한 타일 장식이다. 유명한 건축물과 미술관뿐만 아니라 레스토랑, 일반 가정집에서도 다양하게 쓰이는 아줄레주는 포르투에서 특히 절정을 이룬다. 거리의 많은 건축물과 성당의 외벽, 그리고 성당의 내부 장식까지도 아줄레주로 장식된 곳이 많은 포르투는 말 그대로 아

상벤투역(위), 역 내부(아래)

줄레주의 도시다.

또한, 포르투는 포트와인(Port Wine)으로도 널리 알려져 있다. 포트와인은 발효 중인 와인에 브랜디를 첨가한 와인으로, 셰리와인(Sherry Wine)과 함께 세계 2대 주정 강화 와인으로 꼽힌다. 도루강 상류의 알토도루 지역에서 재배된 적포도와 청포도로 만들어지는 포트와인은 포

포르투 시청사

르투 항구를 통하여 1670년대부터 영국으로 선적됐는데, 1800년대에 오랜 수송 기간 동안 와인의 변질을 막기 위하여 브랜디를 첨가했다고 한다. 이것이 오늘날 주정 강화 와인인 포트와인이 되었다. 1756년부터 시행된 원산지관리법으로 관리되고 있는 포트와인은 최근 다른 나라에서 "포트(Port)"라는 이름을 함부로 쓰지 못하도록 포르투(Porto)로 바꾸었다.

순례의 출발지인 포르투는 앞서도 언급한 바와 같이 역사적으로나 문화적으로 상당히 많은 볼거리가 있는 도시로, 단지 출발을 위한 과정으로 스치고 지나기에는 아쉬운 곳이다. 하루나 이틀 정도 머무르며 시내를 잠시 둘러본다면, 대부분 관광객이 반드시 들르는 아줄레주가 아름답기로 유명한 상벤투역, 포르투 시내 어디에서나 보이는 높은 첨탑이 있는 클레리구스 성당과 해리포터의 작가 조앤 롤링(Joan K. Rowling)이 이곳에서 일하면서 영감을 얻었다고 하는, 문 연 지 100년이 넘는 역사를 가진 렐루 서점과 역시 해리포터에서 호그와트 교복의 모티브가 되었다는 포르투 대학교를 둘러보는 것은 어떨까? 포르투 대학교는 리스본 대학교, 코임브라 대학교와 함께 포르투갈의 3대 명문대학 중 한 곳으로, 재학생들이 교복을 입고 시내 곳곳을 행진하고 거리 연주도 하는 신입생 환영 행사는 상당히 인기 있는 볼거리다. 그렇게 포르투 시내를 둘러본 후 에펠의 제자가 만들었다고 하는 동루이스 다리(Luís I Bridge)를 건너 언덕 위 공원에서 노을에 물든 강과 도시를 본 후 와이너리가 밀집해 있는 도루강 변의 빌라노바 더 가이아(Vila Nova de Gaia)에서 와인을 한잔하면서 하루를 마무리할 수 있다면 완벽하지 않을까?

렐루 서점 내부

한편, 포르투에서 순례자 여권인 크리덴셜(Credencial)을 받기 위해서는 포르투 대성당(Porto Cathedral)을 찾아가면 된다. 대성당의 입장권을 사는 곳에서 순례자 여권인 크리덴셜과 조가비를 살 수 있다. 그리고 본당 앞에 있는 인포메이션 센터에서 최초의 확인 도장[포르투갈어로는 카림보(Carimbo), 스페인어로는 세요(Sello)라고 하는데, 이 책에서는 모두 세요로 표기한다.]과

교복 입은 포르투 대학교 학생들(위), 동루이스 다리(가운데), 포르투 대성당(아래)

지도를 받고 안내 설명을 들을 수 있다.

포르투 대성당은 포르투 주교로 임명된 위고(D. Hugo, 재임 1113~1136)의 후원으로 12세기 초에 건설되었다고 전해진다. 처음 건축되었을 때는 대칭적인 평면과 두 개의 사각형 탑 등 로마네스크 양식의 마치 요새와 같은 모습으로, 출입구나 건물의 외벽인 파사드(Facade)에도 거의 장식이 없었으나 이후 여러 차례 개축이 진행되면서 다양한 양식이 혼합되었다.

1333년 무렵에는 디니스 1세(Dinis I, 재임 1279~1325)의 신하이자 구호기사단(Knights Hospitaller)의 일원이었던 주앙 고르도의 추모 예배당(Capela Funerária de João Gordo)이 고딕 양식으로 증축되었다. 17세기 중반 이후에는 바로크 양식에 따른 개축이 이루어지면서 외관과 내부 장식이 크게 바뀌었다. 1732년 이탈리아 출신의 건축가 니콜로 나소니(Niccoló Nasoni, 1691~1773)가 측면의 외벽에 바로크 양식의 개방형 복도인 로지아(Loggia)를 만들면서 포르투 대성당은 초기의 단조로운 모습과는 크게 달라졌다. 1772년에는 정면의 출입구도 바로크 양식으로 개축되었고, 두 탑 꼭대기의 돔도 개축되었다. 성당 내부의 구조와 장식도 바로크 양식에 맞추어 큰 변화가 이루어졌는데, 출입구 맞은편 벽면에 반원형의 돌출부인 애프스(Apse)가 새롭게 만들어졌다. 포르투 대성당은 성당 회랑에 성서 내용을 표현한 아줄레주가 특히 장엄하면서도 아름답게 표현되어 있으므로 여유롭게 감상하는 시간을 갖기를 권한다.

2

Camino Portuguese Central

포르투(Porto)에서 빌라리뉴(Vilarinho)

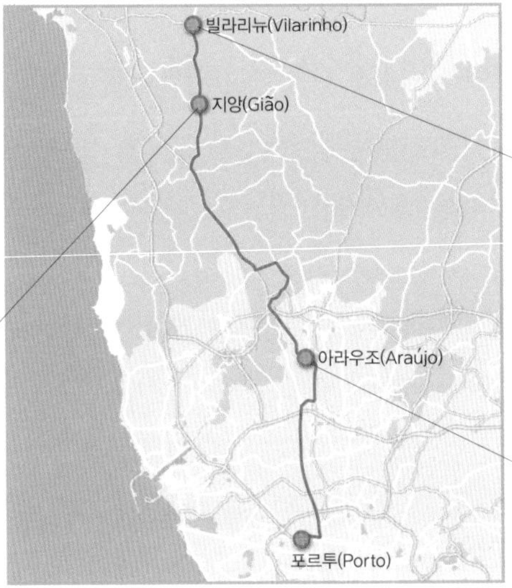

가정집 앞의 세요

라파의 성모 경당

성베드로 교회

포르투(Porto)에서 빌라리뉴(Vilarinho)

27.6km

포르투에서 시작하는 첫 구간인 빌라리뉴까지는 포르투 시가지를 벗어나서도 숲길이나 농업지대는 거의 볼 수 없고 화물차들이 달리는 넓은 도로와 17개의 마을, 공업지대를 지나는 다소 지루하게 느껴지는 구간이다. 많은 안내서에는 포르투 시내를 벗어나기까지 복잡한 골목들과 언덕길의 오르내림으로 길 찾기가 쉽지 않을뿐더러 화살표를 놓치는 경험도 많이 한다고 적혀 있다. 게다가 좁은 골목길을 굽이굽이 따라 걷는 길이 때로는 너무 좁거나, 인도가 없는 찻길일 뿐만 아니라 길을 잃기 쉬워 버스나 트램을 이용해서 시내를 벗어날 것을 권하기도 하지만, 실제로 걸어보면 화살표가 잘 표시되어 있어서 그다지 길을 잃을 염려는 없다.

포르투에서 빌라리뉴까지 일정 중 포르투 시내

포르투 대성당에서 시작하는 경우, 대성당 앞에 있는 인포메이션 센터 옆으로 나 있는 화살표를 따라 언덕길을 따라 내려가면 성로렌스 성당(Igreja de São Lourenço) 앞을 지나게 된다. 성로렌스 성당은 16세기에 세워진 마누엘 양식의 기품 있는 성당으로 박물관을 겸하고 있다. 계속 좁은 골목길을 내려가면 화살표는 미제리코르지아 성당(Igreja da

성로렌스 성당(왼쪽), 미제리코러지아 성당(가운데), 클레리구스탑과 성당(오른쪽)

Misericórdia) 앞을 지나 클레리구스탑(Clérigos Tower)까지 이어진다. 클레리구스탑은 포르투 시내에서는 어디서나 보이는 높은 탑이므로 화살표를 따라가는 좁은 골목길과 오르락내리락하는 언덕길이 신경 쓰인다면 이 탑을 방향의 축으로 삼고 진행하면 된다. 그래도 혹시 골목길에서 길을 잃을까 염려되든지, 아니면 포르투의 랜드마크 중 하나인 상벤투역(São Bento)을 미처 보지 못했다면 대성당에서 상벤투역까지 곧게 이어진 길을 따라서 걷다가 상벤투역 전체에 새겨진 아줄레주를 잠시 감상한 후, 역 앞에서 좌측으로 꺾어서 클레리구스탑까지 가면 골목길을 따라서 올라온 길과 마주치게 된다. 그런 후 클레리구스 성당을 왼편으

카르모 성당

로 꺾어서 카르모 성당(Igreja do Carmo) 앞을 지나면서부터는 거의 일직선으로 포르투 교외로 빠져나가게 되어 있다. 바로크 양식으로 지어진 카르모 성당은 측면의 아줄레주가 아름답다.

포르투의 도심을 벗어나면서부터는 아파트 사이의 좁은 골목길을 통과하는 곳도 있지만 곳곳에 카페와 빵집, 레스토랑, 슈퍼마켓 등이 있어서 잠시 휴식하거나 끼니를 때우기도 편하다.

포르투에서 출발해서 첫 번째 목적지인 빌라리뉴까지는 앞서도 언급한 것처럼 공업지대를 세 군데 지나치게 되고, 인도가 좁은 위험한 도로가 많아서 걷기에는 그다지 좋진 않지만, 도중에 눈여겨볼 곳들이 몇 군데 있다.

우선 포르투 대성당에서 2.78km 지점인 파드라오 다 레구아(Padrão

상페드로 성당과 거룩한 오크나무

da Légua)는 해안 루트와 중앙 루트의 교차점으로, 만약 센트럴(중앙)과 해안 양쪽 길 중에서 처음 생각했던 방향을 바꾸고 싶다면 이곳에서 바꿀 수 있다. 해안 코스 방향으로 가더라도 빌라 더 콘데(Centro Vila do Conde)까지는 내륙에서 해안 방향을 향해 나아가는 길이고, 빌라 더 콘데에서부터 포르투 해안을 따라 올라가는 길과 마주치게 된다. 다만, 이번 일정은 센트럴이므로 그대로 나아간다.

이 길을 지나면서 반드시 쉬어갈 장소 중 한 곳을 고르라면 포르투에서 약 10km 지점에 있는 아라우조(Araújo)다. 이곳에는 18세기에 세워진 역사 깊은 상페드로 성당(Igreja de São Pedro de Araújo)이 있는데, 건물 자체는 규모가 크지 않을 뿐만 아니라 1960년에 재건축한 것이지만, 성당 마당에 연대를 알 수 없는 '거룩한 오크나무'(Holy Oak, 포르투갈어 표기로는 'Carvalho Santo'라고 한다.)라고 불리는 오크나무가 시선을 끈다.

나무 밑동의 커다란 구멍에 마련되어 있는 제단 안에 모셔진 성 베드로상만으로도 이 나무가 지역 주민들에게 의미가 있는 나무임을 짐작할 수 있다. 풍성한 가지를 드리우는 다른 나무들과 달리 완전히 말라서 가지도 잎도 없이 여러 개의 지지대에 지탱하고 있는 이 나무는, 약 200년 전에 허리케인이 마을을 초토화했을 때도 그대로 남아 있었다고 하며, 나무 밑으로 흐르는 물은 치유의 효과가 있다고 알려져 있다. 그런데 사실 이 나무는 오크나무가 아니라 코르크오크나무다. 나무 주변에는 벤치가 있어 휴식처를 제공한다. 그리고 나무에서 2~3m 거리에 돌로 만들어진 사각형의 사당이 있고, 그 안에 1741년에 세워진 크루세이루(Cruzeiro)가 있는데, 여기에 새겨져 있던 예수상은 세월의 흐름에 따라 거의 흔적만 남아 있다. 십자가는 포르투갈에서는 '크루제이루', 스페인에서는 '크루세이루'라고 하

거룩한 오크나무와 사각형 사당 안의 크루세이루

는데, 그중에서도 높은 돌기둥 위에 만들어진 십자가, 영어로는 갈보리(Calvary)를 이 책에서는 '크루세이루'로 표기한다.

이렇게 상페드로 성당 주변을 한 바퀴 둘러보면서 잠시 쉬었다가 다시 걷기 시작하면 바로 레사강(Rio Leça) 위에 만들어진 모레이아 다리를 건너 다시 공장지대를 가로지르게 되는데, 대형 트럭이 달리고 인도가 좁은 길이어서 걷는 데 주의가 필요하다. 레사강은 포르투 시가지의 북부를 가로질러 대서양으로 흘러 들어가는 총길이 45km의 강이다. 다리를 지나 계속해서 위험한 도로를 따라서 약 20분 정도 걸어가면 우측으로 상당히 규모가 큰 공원묘지를 지나가게 되는데, 우리와는 다른 다양한 형태의 묘지 양식과 묘석을 볼 수 있다. 그리고 위험한 길들이 이어지는 중간에 지나는 주택가의 반질반질하게 닳은 돌로 포장된 길과 가정집 벽면에 장식한 아줄레주에서도 포르투갈을 느낄 수 있어서 지루하지만은 않은 길이다.

지앙의 세요

이 구간에서 놓칠 수 없는 또 다른 하나가 빌라 더 콘데를 지나 지

라파의 성모 경당과 그 앞에 세워진 순례자 형상의 야고보상

앙(Gião) 갈림길로 들어서기 전에 한 가정의 대문 앞에 설치해놓은 '세요'다. 산티아고까지 203.4km라는 거리 표시와 조가비 위에 놓여 있는 노란 우편함 속의 세요는 이 집의 주인이 순례자들을 위하여 만들어 놓은 것으로, 산티아고까지 가는 길에서 유일한 개인 주택 앞에서 찍을 수 있는 것이라는 점에 의미가 있다.

세요를 찍고 갈림길에서 화살표를 따라 우측으로 약 100m 거리에 18세기에 만들어진 산투 에스테바오(Santo Estêvão) 교회가 있지만 화살표를 따라가는 길에서는 보이지 않는다. 지앙에서 바이랑(Vairão)을 지나 빌라리뉴로 들어서면 전형적인 포르투갈 건축양식인, 전면이 타일로 장식된 라파의 성모 경당(Capela de Nossa Senhora da Lapa)이 맞이한다. 경당 앞에는 3m 높이의, 상당히 현대적인 순례자 형상의 야고보상이 서 있다.

이런저런 사정으로 포르투에서의 출발이 상당히 늦었기에 빌라리뉴에 도착한 것은 저녁 8시경이었다. 빌라리뉴는 작은 마을로, 마을의 중심부에 있는 경당까지 가기 전에 카사 파밀리아(Casa Familia Vidal Hostel)와 경당을 지나서 산티아고 방향으로 조금 더 간 곳에 있는 카사 다 라우라(Casa da Laura), 두 곳의 알베르게가 있다. 나는 카사 다 라우라에서 묵었는데, 몹시 늦은 시간에 도착했지만 친절하고 깔끔한 주인장이 여러모로 편의를 봐 주셨다. 웰컴 와인과 수제 케이크가 맛있는 곳이었다.

3

Camino Portuguese Central

빌라리뉴(Vilarinho)에서 바르셀루스(Barcelos)

산타레오카디아 성당

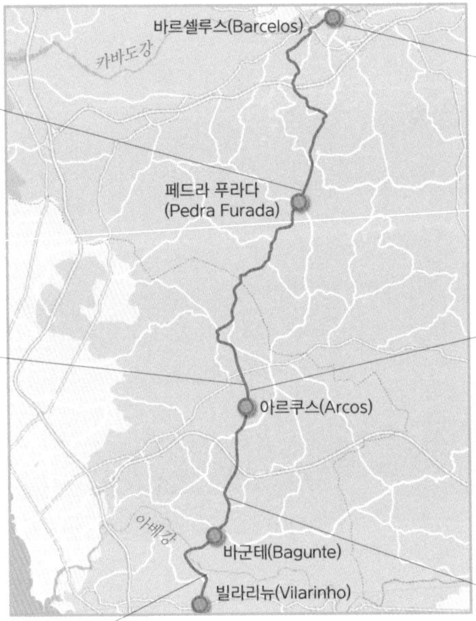

바르셀루스 다리와
'다리의 성모 경당'

상미구엘 경당

상미구엘 다리와 알미냐

아주다의 성모 경당

동자메이로 다리

빌라리뉴(Vilarinho)에서 바르셀루스(Barcelos)

3

29.6km

어제는 도시 외곽의 자동차 도로와 공장지대를 주로 많이 걸었는데 빌라리뉴에서부터는 숲길과 마을 안을 지나는 길로 바뀌기 시작한다. 간혹 도로를 따라서 걷기도 하지만 마을을 통과할 때는 유럽 특유의 매끈하게 닳은 돌로 포장된 길을 걷고, 포도밭 사이와 소나무 숲길을 번갈아 지나는 기분 좋은 길이다.

빌라리뉴에서 출발하고 얼마 지나지 않은 지점인 아베강(Rio Ave)에 세워진 동자메이로 다리(Ponte de Dom Zameiro)는 깊이에 따라 크고 작은 8개의 아치가 만들어져 있는 아름다운 다리로, 고딕 양식의 아치 한 군데를 제외한 나머지는 둥근 로마네스크 양식으로 되어 있다. 이 다리는 포르투와 바르셀루스를 이어주는 중세 로마 가도의 중요한 한 부분

동자메이로 다리와 물방앗간

을 차지했는데, 1185년의 기록에 따르면 다리 이름은 다리를 만드는 데 이바지한 이 지역 귀족의 이름인 '동자메이로(Dom Zameiro)'에서 명명했다고 한다. 다리 옆에는 돌로 만들어진 작은 물방앗간이 있어 그 내부까지 들여다볼 수 있다. 아베강에는 셀 수 없이 많은 물방앗간이 산업화 시대의 동력으로 이바지했지만, 지금은 전기로 대체되면서 그 중요성이 사라져버렸다. 1889년 산업조사에 따르면 빌라 두 콘데(Vila do Conde) 지방에만 168개의 물레방아와 42개의 방앗간이 있었다고 한다. 하지만 포르투 순례길에서 볼 수 있는 물방앗간은 여기 이곳이 유일하다.

물방앗간을 지나서 약 200m 거리에 있는 아쥬다(Ajuda)의 성모 경당(Chapel of Nossa Senhora da Ajuda)은 정확한 설립 연도는 알 수 없으나, 이에 관한 가장 오래된 기록이 1601년까지 거슬러 올라가는 오래된 경당이다. 교회의 정면에는 매우 정교한 마누엘 양식으로 장식된 출입구

아주다의 성모 경당과 오라토리

가 있으며, 경당 앞에는 규모는 작지만 아름다운 광장이 있다. 그리고 경당 옆으로 보면 조그마한 기도소, 곧 오라토리(Oratory)가 있다. 포르투갈 길에서는 이렇게 크고 작은 오라토리와 벽면에 성화 혹은 성상만 있는 더 작은 규모의 기도소인 알미냐(Alminha)를 곳곳에서 볼 수 있다. 매년 9월 8일부터 13일까지 이곳에서는 성모 축제가 열린다.

이곳을 지나면서 준케이라(Junqueira)의 상마메데(São Mamede) 경당까지는 N306 도로를 따라서 걷는 길로, 달리는 차들을 피해 조심해서 걸어야 하는 구간이 겹치기도 하지만 중간중간 포도밭 사이를 지나므로 지루하지 않다. 길목의 가정집에 설치된 가리비 표지와 순례자를 위해 준비해둔 물과 과일이 순례자의 몸과 마음을 위로해준다.

빌라리뉴에서 출발하여 약 8km 지점에 있는 에스테강(Rio Este)을 지나면서부터 멀리서도 볼 수 있는 성당의 첨탑을 따라 논둑길을 따라가면 아르쿠스(Arcos)를 지나게 된다. 아르쿠스는 크지 않은 마을이지만 순례길을 따라 두 군데의 호텔과 카페가 있는데, 포르투 길은 잠시 쉬기에 적당한 위치에 항상 카페가 있다.

에스테강 위에는 12세기, 아폰소 엔히크왕의 시대에 만들어진 로마네스크 양식의 상미구엘 다리[Ponte Medieval de São Miguel, 혹은 성미카엘 중세 다리(St Michael Medieval Bridge)]가 있다. 3개의 아치 중에서 중앙의 아치가 크고 양 가 쪽이 크기가 작은, 중앙 부분이 볼록하게 솟은 다리다. 다리 입구에는 수호성인의 동상이 들어 있는 작은 기도소, 알미냐가 있다. 이곳의 알미냐는 포르투갈 길에서 흔히 볼 수 있는 전형적인 형태로, 돌로 만들어진 정말 작은 방 안에 성상이 모셔져 있고 그 앞에 양초를 피울 수 있는 작은 제단이 있다. 알미냐는 주로 길가에 특히 교차로에 만들어져 있는데, 연옥 영혼을 위한 기도소라고 한다. 알미냐를 지나 상미구엘 다리 위에 올라서면 멀리 상미구엘(Igreja de Arcos, 혹은 São Miguel) 성당의 첨탑이 논둑길 사이로 보인다. 상미구엘 성당은 아르쿠스의 교구 성당으로, 전면이 아줄레주로 아름답게 장식되어 있다. 그리고 성당 옆에는 역시 전면이 아줄레주로 장식된 1880년에 세워진 데잠파라두스 경당(Chapel of Senhor dos Dezamparados)이 있다. 이 작은 경당의 지붕은 십자가와 네 개의 작은 첨탑으로 구성되어 있다.

아르쿠스에서 3.5km 거리에 있는 레이티스(São Pedro de Rates)는 역사지구와 성당 등의 상당한 볼거리가 있다고 되어 있지만 지나는 길에서는 꽤 떨어져 있어서 일부러 들르지 않으면 볼 수 없으므로 그냥 화살표를 따라서 걸어갔다. 화살표를 따라가는 길에 있는 성안토니우 경당

상미구엘 다리(위), 상미구엘 다리 앞의 알미냐(아래 왼쪽), 상미구엘 성당(아래 가운데), 데잠파라두스 경당(아래 오른쪽)

(Chapel of Santo Antonio)은 정확한 건축 연대는 알 수 없으나 17세기 말에 확장되었다고 하므로 이 역시 오랜 경륜을 지닌 경당이다. 경당 입구의 넓은 계단은 종종 순례자들의 휴식처 역할을 하고 있으며, 옆에는 알베르게와 카페가 있어 빌라리뉴에서 아침에 출발한 순례자들의 점심 식사 장소로도 알맞다. 이곳의 순례자 식당, 레스토랑 페르그리뇨에서는 음료수를 포함한 순례자 메뉴를 저렴한 가격에 먹을 수 있다. 나도 이곳에서 7.5유로의 순례자 메뉴인 수프와 빵, 그리고 치킨 스파게티와 음료를 포함한 세트 메뉴를 먹었다. 그런데 포르투갈과 스페인의 식사는 양이 무지하게 많으므로 순례길을 걸으면서 음식물을 버리게 되는 사태(?)를 만들지 않으려면 주문할 때 유념해야 한다. 나는 가끔 미련하게도 남겨지는 음식물이 신경 쓰여 무리하게 다 먹고는 걷기에 불편했던 기억이 있다.

잠시 식사와 휴식을 하고 난 후 다시 노란 화살표를 따라 약간의 경사진 언덕길을 올라 약 3km 정도 걷다 보면 208km의 표지석이 나온다. 표지석은 항상 기념 촬영 장소다. 표지석에서 언덕길을 내려가면 단순해서 오히려 눈에 띄는 산타레오카디아(Santa Leocádia) 성당이 있는 페드라푸라다(Pedra Furada, '구멍이 뚫린 돌'이라는 의미)에 도착하게 된다. 이 성당에는 흡사 한국의 천주교 박해 때 사용되었던 돌 형구처럼 생긴 구멍 뚫린 돌이 놓여 있는데, 이곳에서 성녀 레오카디아가 산 채로 묻혔다고 전해진다. 실은 형구처럼 생긴 돌덩어리인 페드라푸라다는 비석으로, 이것에 연유하여 마을 이름도 페드라푸라다다.

산타레오카디아 성당을 잠시 둘러본 후 다시 화살표를 따라서 약 30

성안토니우 경당(위). 순례자 식당인 레스토랑 페르그리뇨의 순례자 메뉴(아래)

분 정도의 지점에 정원과 돌의자 그리고 식수대가 아름답다고 생각하면서 지나친 곳이 있는데, 정원 옆으로 나 있는 계단을 따라 올라가면 1747년에 연옥 영혼을 위해 봉헌된 구이아(Guia)의 성모 경당(Chapel of Nossa Senhora da Guia)이 있다. 스쳐 지나갔지만 독특한 조경으로 기

산타레오카디아 성당과 페드라푸라다

억에 남는 곳이다. 페드라푸라다에서 페레이라(Pereira)까지는 수시로 N306 도로를 따라서 걷다가 벗어났다가 하는 길이 이어지므로 조금 단조롭기도 하고 위험하기도 하지만, 페레이라에서부터 다시 마을 길과 숲길을 번갈아 걸어가게 된다. 그리고 199km의 표지석이 나오는 카르발얄(Carvalhal)에 도착하면 이제 거의 바르셀루스에 도달했다는 안도감을 가지게 된다. 이곳에서도 역시 경당과 마을 교구 성당, 그리고 비교적 규모가 큰 알미냐 등 볼거리가 많이 있지만, 지쳐서 둘러보지 못하고 표지석 사진만 찍고 계속 걸음을 옮겼다. 일찍 도착해서 우선 한숨 돌리고 싶기도 했지만, 지금 생각해보면 대도시인 바르셀루스를 여유롭게 둘러보고 싶은 마음이 컸던 것 같다.

바르셀루스로 들어가는 초입에 해당하는 바르셀리뇨스(Barcelinhos)는 대도시의 교외 같은 분위기의 마을로, 화살표를 따라가는 길은 공사

바르셀루스 성곽에서 내려다본 바르셀루스 다리. 건너편 뾰족한 삼각 지붕이 '다리의 성모 경당'이다.

중이어서 길을 찾아서 둘러 갈 수밖에 없었다. 그래서인지 초입이라고는 하지만 바르셀리뇨스에서 카바도강(Rio Cávado) 위에 세워진 바르셀루스 다리(Ponte de Barcelos)를 건너서 웅장한 바르셀루스 성곽까지는 거의 한 시간 가까이 걸렸다. 바르셀루스 다리는 1325년에서 1328년 사이에 만들어진 고딕 양식의 다리다.

바르셀리뇨스에서부터 바르셀루스 전역에는 셀 수 없이 많은 알베르게와 호텔이 있어서 위치와 가격을 고려해 마음대로 선택할 수 있는데, 특히 다리를 건너기 직전에 있는 길목은 알베르게 거리라고 불러도 좋을 정도다. 그런데 바르셀루스 다리의 바르셀리뇨스 쪽, 그러니까 진행 방향으로 다리 입구에 피라미드형 뾰족지붕을 한 상당히 특이한 모양의 건축물이 있다. 어딘가 동남아풍의 이 건물은 '다리의 성모 경당(Capela De Nossa Senhora Da Ponte)'으로 바르셀루스 다리와 같은 해에 완공되었

바르셀루스 다리에서 보이는 바르셀루스 성곽

는데, 아마도 카바도강 위에 세워진 이 기념적인 다리를 축원하는 의미로 세워진 게 아닐까 싶다. 이 특이한 형태의 경당은 17세기와 19세기에 두 차례 리모델링되었다.

CAMINO NOTE - 1

바르셀루스 Barcelos

United Nations
Educational, Scientific and
Cultural Organization

Designated
UNESCO Creative City
in 2017

도자기 페인팅 관련 기술이 특화되어 있어서 유네스코 창의 도시(UNESCO Creative City)로 선정된 곳이기도 한 바르셀루스(Barcelos)는 해당 분야의 종사자가 전체 인구의 8%를 차지하고 있다. 그런 만큼 도시 곳곳에 다양한 형태와 화려한 색상으로 만들어진 도자기 형상물이 있는데, 바르셀루스를 대표하는 상징물은 포르투갈어로 '갈로(Galo)'라고 하는 일명 '바르셀루스의 수탉(Galo de Barcelos, 혹은 Barcelos Rooster)'이다.

갈로는 다양한 크기와 형태로 도시 전체를 장식하고 있을 뿐만 아니라 접시와 코르크 뚜껑, 열쇠고리, 종, 수예품 등 거의 모든 공예품에 등

'유네스코 창의 도시'로 선정된 곳이기도 한 바르셀루스

장한다. 포르투갈을 상징하는 표상 중 하나로 믿음과 정직, 혹은 희망과 정의 등을 상징한다고 하는 '바르셀루스의 수탉'은 이 지방을 거쳐서 산티아고까지 갔던 순례자의 전설을 담고 있다. 재미있는 것은 이 전설은 전파하는 사람과 문헌에 따라 주인공의 직업이나 직접적으로 수탉을 변화시키는 말을 한 사람, 그리고 수탉의 변화를 목격한 사람과 그 변화를 만드는 계기 혹은 원인 제공자가 조금씩 다르다는 것이다. 그리고 수탉과 관련한 상당히 유사한 전설이 프랑스에도, 그리고 또 다른 산티아고 순례길 중의 하나인 프랑스 길에서도 전해져

바르셀루스를 대표하는 상징물 '갈로'. 일명 '바르셀루스의 수탉'으로 불린다.

바르셀루스 도심의 수탉 모형

오고 있다는 것이다.[2]

이렇게 약간의 차이는 있지만 '바르셀루스의 수탉'의 이미지는 1950년대부터 이미 확실하게 국가 관광의 상징이자 국가 정체성의 아이콘이 되었다(바르셀루스시 공식 홈페이지).

바르셀루스는 역사 깊은 도시로, 성벽 안의 유서 깊은 건축물들에서 도시의 오랜 전통과 화려했던 과거를 엿볼 수 있다. 바르셀루스 다리를 건너 이 도시로 들어오면 거대한 성벽과 그 위로 우뚝 솟은 탑이 가장

[2] 바르셀루스 지방정부 공식 홈페이지에 나와 있는 수탉의 전설은 다음과 같다. 갈리시아 지방의 산티아고 순례자가 바르셀루스에서 부당하게 강도 혐의로 기소되어 교수형을 선고받았다. 그는 닭구이를 먹고 있던 재판관 앞에서 "나는 무죄이며, 그 증거로 접시의 수탉이 일어나서 노래할 것이다."라고 증언하였다. 그런데 사형을 집행하려고 할 때 접시의 수탉이 일어나 울었고, 이로써 순례자의 결백이 증명되어 그를 죽음에서 구했다. 이 이야기의 형상이 고고학 박물관에 있는 돌 십자가에 새겨져 있다.

'바르셀루스 백작의 궁전'의 일부와 '성스러운 수탉의 십자가'

먼저 눈에 띈다. 이 성채의 정식 명칭은 '바르셀루스 백작의 궁전(Paço dos Condes de Barcelos)'으로, 1406년에서 1412년 사이에 바르셀루스의 백작이자 브라간사(Bragança) 지방의 공작인 알폰소(Alfonso)의 공식 거주지로 세워졌다.

두 개의 주 날개와 다리 입구 위에 전면 타워를 가지고 있었던 이 궁전은 1755년 지진으로 심하게 손상되었고 1801년에는 거의 무너져버렸다. 1872년에 바르셀루스시 정부는 건물의 황폐한 상태를 고려해 남은 잔해를 철거하려고 했지만, 시민들의 반대로 실현되지 않았다. 이후 수차례에 걸쳐 해체되고 파괴된 건물을 다시 짓기 위한 시도가 있었지만, 원래의 웅장함을 되살리지는 못했다. 이윽고 20세기 초에 이르러 이 유적지는 비로소 국가기념물로 지정되었고, '바르셀루스 야외 고고학 박물관'으로 거듭났다. 한때의 위용을 자랑하는 건축물의 흔적들과 함께 주변에는 역사적인 가치가 높은 유물들이 남아 있다.

성스러운 수탉의 십자가 (사진 출처 : 게티이미지)

유물 중에서도 특히 주목할 만한 것은 부서진 성채 앞에 세워져 있는 돌 십자가다. '성스러운 수탉의 십자가(Cruzeiro do Senhor do Galo)'라는 이름으로 불리는 이 돌 십자가가 있는 자리는 교수대가 있었던 곳으로, 돌 십자가의 한쪽 면에는 수탉과 목 매달린 사람과 성 야고보가, 다른 면에는 바르셀루스의 수호성인인 성모 마리아와 성 베네딕토 1세가 새겨져 있다. 그리고 이 위대한 유산의 광장에서 놓칠 수 없는 또 다른 하나의 소중한 유물은 육각형의 화강암 돌기둥 위에 후기 고딕 양식으로 섬세하고 화려하게 만들어진 새장이 놓인 '바르셀루스의 펠로리뇨(Pelourinho de Barcelos)' 혹은 '바르셀루스의 필로리(Barcelos Pillory)'라고 부르는 돌기둥이다. 바르셀루스의 필로리는 15세기 말부터 16세기 초 사이에 만들어진 것으로, 예술적 풍부함으로 전국에서 가장 상징적인 필로리 중 하나로 인정되어 문화유산으로 등재되었다. 펠로리뇨와 필로리는 둘 다 사전상의 의미로는 '칼'이라고 되어 있지만, 아마도 이런 돌기둥을 말하는 것 같다.

한편, 펠로리뉴 옆에는 바르셀루스의 교구 교회인 마트리즈 산타마

바르셀루스의 펠로리뇨(바르셀루스의 필로리)와 산타마리아 성당의 측면

리아 성당(Igreja Matriz de Santa Maria Maior)이 있다. 13세기까지 로마네스크 양식의 성당이 있었던 자리에 14세기인 1325년에서 1350년 사이에 알폰소 백작이 현재의 고딕 양식으로 복원한 건축물이다. 그리고 그에 의해 성당 건물은 1460년경에 다시 개축되었고, 1464년에는 바르셀루스의 9대 백작인 D. 페르난도가 교회대학을 설립했는데, 교회대학은 1869년에 없어졌다. 16세기에서 18세기에 이르기까지 성당 내부는 다양한 스타일의 제단화와 기념물로 풍요로워졌으며, 18세기 전반기에 허물어진 '바르셀루스 백작의 궁전'에서 추출한 석재를 사용해 현재의 종탑이 세워졌다. 20세기 전반기에 대대적인 복원을 거쳐서 1927년에 국가기념물로 지정되었다.

바르셀루스는 성벽 안에서만도 이렇게 볼거리가 많지만, 수탉의 다양한 문양을 찾으면서 골목골목을 걷는 재미도 쏠쏠해 하룻밤을 머물고 다음 날 아침 일찍 떠나기에는 아쉬운 도시 중 하나다. 결국, 이번에는

선하신 주 예수 십자가의 성당

마트리즈 산타마리아 성당의 내부는 들어가지 못한 채 떠날 수밖에 없었지만, 다음에 계획하고 있는 리스본에서부터의 길을 걸을 때는 반드시 들어가 보리라고 생각했다.

바르셀루스의 도시 전역에서 노란 화살표를 볼 수 있지만, 산티아고 순례길 루트가 나와 있는 지도에는 바르셀루스 다리를 건너 야외 고고학 박물관과 마트리즈 산타마리아 성당을 지나 도시를 관통하게 되어 있다. 그렇게 관통하는 길목에 있는 '선하신 주 예수 십자가의 성당(Igreja do Senhor Bom Jesus da Cruz)'이라는 긴 이름의 성당이 눈에 띈다. 성당의 기원은 1504년에 이 장소에 검은 흙 십자가가 나타난 것과 관련이 있다. 그 신성한 표식을 기념하기 위하여 작은 예배당이 세워졌으며, 2세기 후인 1704년에 같은 장소에 성당이 만들어졌다. 성당 건물을 지름 10m의 돔(Dome) 모양으로, 화강암으로 만들어진 원형의 돌기둥이 둘러싸고 있어서 눈길을 끈다. 5월 초에 열리는 십자가 축제 기간에는 교회 바닥에 꽃잎 융단이 깔린다고 한다.

한편, 바르셀루스에 이렇게 역사적으로 의미 있는 건축물들이 많을 뿐만 아니라 알폰소 백작이 이곳에 그처럼 거대한 성채를 세운 이유는 이곳의 지리적인 위치에서 찾을 수 있다. 스페인과의 국경 근처, 내륙 깊숙한 곳에서부터 여러 지방을 거쳐 대서양으로 유유히 흐르는 카바도강은 물자의 수송과 인적 교류에 있어서 주요한 역할을 한다. 그 강의 흐름에서 중간 기착점이 되는 위치로 인해 한때 로마 정착촌이 형성되어 있었던 이 도시는 지속해서 경제가 성장하고 인구도 증가했다. 바르셀루스는 2011년 현재 포르투갈 국내에서 가장 많은, 60개의 성당이 있는 지자체다.

Camino Portuguese Central

바르셀루스

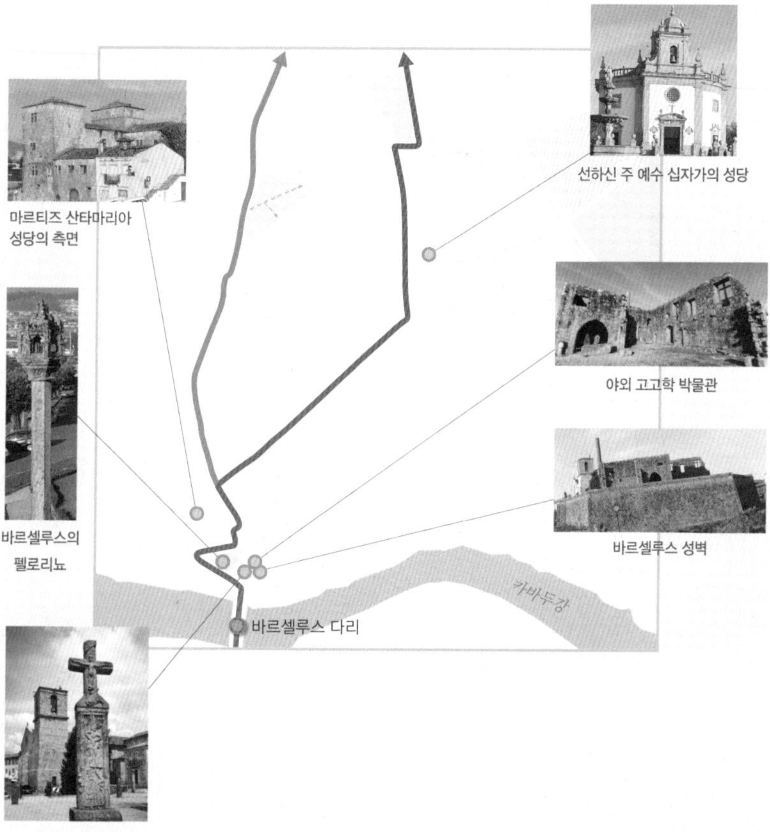

4

Camino Portuguese Central

바르셀루스(Barcelos)에서 폰테 데 리마(Ponte de Lima)

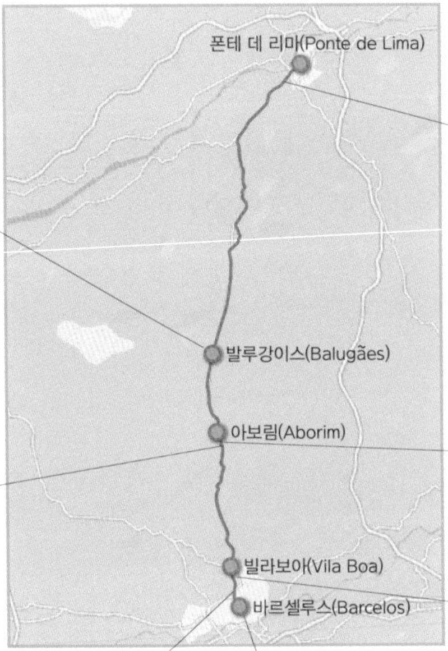

상마르티뉴 성당

폰테 데 리마의 순례자 석상

아보림의
크루세이루

포르텔라의 성모 경당

빌라보아 성당의 뒷면

바르셀루스 외곽 길

선하신 주 예수 십자가의 성당

바르셀루스(Barcelos)에서 폰테 데 리마(Ponte de Lima)

넷

34.7km

바르셀루스는 상당히 규모가 큰 도시여서 포르투에서 복잡한 시내를 걷지 않고 통과하기를 원하는 순례자 가운데는 이곳에서 시작하는 사람들도 많이 있다. 그렇게 안내한 책을 보고 나도 처음에는 그렇게 선택했다.

익숙하지 않은 외국의 도시에서 가장 만만하게 이용할 수 있는 대중교통은 철도 교통이다. 2019년 5월, 나는 포르투의 캄파냐(Campanha)역에서 4시 15분에 출발하는 기차를 탔고, 약 40분 걸려 바르셀루스역에 도착했다. 산티아고로의 첫걸음을 떼는 곳이기에 기대와 긴장으로 나름 빈틈없이 준비해서 숙박 앱에 달린 후기를 꼼꼼하게 살펴보고, 산티아고 길의 길목에 있으면서 기차역에서 도보로 15분 거리에 있는, 깨끗하고 가격도 적당한 숙소를 예약했다. 순례길에서는 보기 드문 욕조 딸린 숙소는 후기 그대로 깨끗하고 안락했지만 숙소 주변은 그냥 시골 같은 분위기로, 이곳이 수탉의 전설이 있는 도시라고는 하지만 역시 시골의 한 작은 마을에 지나지 않는다고 생각했다.

하지만 그 후 걸으면서 만난 사람들과의 대화에서 알게 된 편리한 앱과 안내서를 보니 내 생각에 무언가 잘못된 점이 있는 것 같았다. 포르투의 큰 서점에서도 없었던 다양한 산티아고 가이드북을 산티아고 데 콤포스텔라의 서점에서는 종류대로 찾을 수 있었다. 문제는 목적지에 도착하고 나서야 도착하기까지의 과정을 비로소 자세히 알게 된다는 것이다. 그래서 같은 해 10월에 출발한 두 번째 길에서는 루트에서 벗어나지 않으면서 시내 중심부를 통과하는 장소로 숙소를 정했다. 그리고 이때 비로소 바르셀루스의 참모습을 제대로 볼 수 있게 되었다.

그런데 이 구간은 포르투 길에서는 가장 긴 34km로, 첫 출발을 여기에서 시작하기에는 상당히 심적으로 부담이 가는 구간임을 걸어보고서야 알았다. 결국, 첫 번째 걸음에서는 5월 말의 따가운 햇볕과 주민도 순례자도 아무도 보이지 않는 길을 혼자서 끝도 없이 걷고 있는 불안감과 피로감으로, 전체 구간의 약 2/3 지점에서 우연히 지나치던 택시 기사의 유혹을 그대로 받아들이는 선택을 했었다. 그리고 다음에 다시 같은 길을 걷게 되었을 때는 기필코 완주하리라는 각오로 걸음을 시작했다. 그런데 바르셀루스에서 다음 목적지인 폰테 데 리마까지의 경로는 한 도시에서 출발하는 지점만 다를 뿐이지 도시를 벗어나서부터는 같으리라 생각했는데, 무언가 다르다. 두 번 모두 걸을 때도 힘이 들었지만, 기억과 기록을 뒤져가면서 이 두 번의 차이점을 찾아내는 것도 참 많이 힘들었다. 그리고 결론적으로 화살표가 가리키는 방향이 몇 군데에서 차이가 있는 것을 찾아냈다. 물론 목적지는 같아서 결국은 합해지지만….

그런데 5월의 숙소는 도시의 외곽에 있어서 주변에 정말 아무것도 없다고 생각했는데 알고 보니 조금만 걸으면 되는 거리에 큰 슈퍼마켓이 두 개나 있는 곳이었다. 그때는 왜 인터넷으로 지도를 검색해볼 생각을 안 했을까? 아마도 드디어 시작이라는 설렘과 첫길에 대한 우려로 혼란한 상태였을지도 모르겠다. 그래도 애써 침착하게 숙소에서 제공하는 아침을 먹은 후 다음 숙소로 배낭을 보내고 화살표를 따라서 걷기 시작했다.

바르셀루스는 화려한 수탉의 형상이 마을의 곳곳에 세워져 있을 것이라는 생각에 내심 많은 기대를 했는데 길은 곧바로 마을 외곽으로 이어졌고, 결국 밭에 외로이 서 있는 수탉 한 마리밖에 볼 수 없어 내심 아쉬움을 느꼈다. 그래서 10월에는 도심의 숙소에서 아침 일찍 출발하여 유적들을 둘러보는 여유를 가졌다. 도심의 길은 시가지를 관통하여 곳곳에 수탉을 비롯한 다양한 조형물과 변화하면서도 차분한, 고풍스러운 건축물 사이로 잘 표시된 화살표를 따라서 걸어가는 길이었다. 어떤 길을 걷든지 화살표가 잘 안내해주고 있어서 길을 잃을 염려는 없다. 하지만 두 길에서 만나는 경관과 분위기는 아주 다르다.

외곽 길에서는 출발하고 바로 밭길과 작은 마을들을 지나게 되는데, 처음 지나가게 된 마을에서는 자동차로 지나가던 아주머니가 일부러 차를 세워서 인사를 해주었다. 그리고 어쩌다 한 명씩 마주치는 마을 사람

농가와 밭들이 끝없이 이어지는 바르셀루스 외곽 길

들도 눈인사를 해주었다. 도심부를 지날 때와는 달리 외곽 길에서는 마을 주민들의 따뜻한 마음을 느끼면서 걸을 수 있어서 좋았다. 처음에는 인사말을 주고받는 것이 어색했지만 차츰 자연스럽게 나부터 먼저 인사말을 건네기 시작했다. "봉 지아(Bom Dia)!" 참으로 정겨운 마을과 다정한 사람들이다.

한편 도심 길은 전형적인 포르투갈 건축물들과 교회들 사이를 지나면서 포르투갈의 문화와 건축을 탐미하는 길이다. 어느 길을 선택할지는 각자의 취향이다.

외곽 길과 도심 길은 바르셀루스에서 약 3km 거리의 빌라보아(Vila Boa) 부근에서 마주친다. 빌라보아에서는 빌라보아 성당(Igreja Paroquial de Vila Boa)의 뒷면을 지나가게 된다. 성당의 정확한 건축 연대는 알 수

빌라보아 성당의 뒷면. 오른쪽의 회벽 건물이 교구 센터인데, 건물을 따라서 돌아가면 독특하고 현대적인 건축양식이 눈에 띈다.

없으나 1998년에 성당 내부와 그 안에 있는 모든 조각과 천장이 복원되었다는 기록이 있다. 이곳에서 잠시 여유를 가지고 싶다면 아름다운 성당의 정면과 그 옆에 있는, 지나치게 현대적이어서 오히려 어색한 교구 센터(Social Parish Center) 건물을 한 바퀴 둘러보고 가는 것도 좋겠다.

여기에서 잠시 도로를 따라 걷다가 다시 밭길 사이를 걸어가면 카페 아란테스(Café ARANTES)가 나온다. 리베이라(Ribeira)의 상세바스티앙 경당(Capela de São Sebastião) 건너편에 있는 꽤 크고 깔끔한 카페로 식사와 휴식을 할 수 있다. 다음에는 어디에서 쉴 수 있을지 모르니 여기서는 무조건 쉬어야 한다. 콜라 한 병을 사서 자리에 앉았다. 그런데 바로 앞에 있는 상세바스티앙 경당은 19세기에 세워진 경당으로 지나는 길목에 있는데, 규모가 작고 건축양식도 아주 단출해서 카페만 눈에

——— 189㎞의 표지석(왼쪽), 포르투에서 산티아고까지의 길에 있는 공립 알베르게 안내판(오른쪽)

들어오고 경당은 그다지 주의 깊게 보지 않았나 보다. 같은 길을 두 번씩이나 걸었는데도 사진 한 장이 없으니…. 어찌 되었건 조금 쉬고 난 후 다시 걷기 시작했다. 카페 아란테스에서 약 200m 거리에 "바르셀루스, 산티아고까지 189km"의 표지석이 있다. 그리고 그 옆에는 포르투에서 산티아고까지의 길에 있는 공립 알베르게의 안내판이 세워져 있는데, 안내판에는 알베르게 간의 거리와 수용 인원, 가격까지 상세하게 나와 있어서 동선 계획에 상당히 도움이 될 것 같지만 실상 나는 제대로 사용하지 않았다.

계속해서 농가와 밭들이 끊임없이 이어지는 길을 따라서 걷는데 인적도 드물고 쉴 수 있는 공간도 보이지 않았다. 그렇게 밭 사이로 난 길을 약 5km쯤 걸어가면 1981년에 만들어진 작은 빨래터가 나오는데, 현재

포르텔라의 성모 경당

는 사용하지 않는 것 같지만 공동체 생활의 한 단면을 보면서 한숨 돌리기에 적당하다. 걷다가 보면 거의 유사한 형태로 만들어진 크고 작은 빨래터를 수없이 만나게 된다.

빨래터에서부터 마을 길로 접어들게 되는데, 멀리 성당의 탑이 보이기 시작한다. 17세기에 세워진 포르텔라의 성모 경당(Chapel of Our Lady of Portela)으로 마당 앞에는 큰 돌 십자가, 크루세이루(Cruzeiro da Capela da Senhora da Portela)가 세워져 있고, 순례자들이 쌓아놓은 돌무더기가 십자가 아래를 장식하고 있다. 교회 마당은 아주 넓지만, 의자나 그늘이 없어 쉬기에 적당하지 않은 것 같아 그대로 직진했는데, 작지만 아름다운 경당을 한번 둘러보고 가는 것도 좋았을 것 같다. 나중에 찾아보니 교회 마당 옆의 나무 그늘에 쉴 수 있는 공간이 마련되어 있었다. 한편, 교회 뒤편에 취사가 가능한 알베르게가 있고 건너편에는 레스토랑

아보림의 생수대

도 있지만 바르셀루스에서 출발해서 약 3시간 거리에 있는 이곳에서 숙박하기에는 상당히 애매하다. 순례자 대부분은 일정에 맞춰서 걷고 있지만 이렇게 길을 가다가 보면 곳곳에 알베르게가 있으므로 반드시 안내서에 나와 있는 대로 일정을 잡지 않고 자신의 몸 상태에 따라, 그리고 그날의 기분에 따라 묵고 싶은 곳에서 묵고, 떠나고 싶을 때 떠나는 것도 좋겠다.

포르텔라의 성모 경당에서 쉬지 못했다 하더라도 도로를 따라 약 500m만 더 걸어가면 돌의자와 함께 식수대가 나타나니 여기에서 한숨 돌리면서 생수통에 물을 채워 가면 된다. 계속해서 도로를 따라 약 1km를 걸어가면 지금까지 본 것과는 전혀 다른 현대식 성당, 아보림(Aborim)의 파티마 성모 마리아 새 성당(Igreja Nova de Nossa Senhora de Fátima)이 나타난다. 원래 이곳에 있었던 작은 성당이 다른 곳으로 이전

아보림의 파티마 성모 마리아 새 성당 앞의 나무 한 그루와 작은 크루세이루

하고, 1970년대에 그 자리에 새로 세워진 건축물이므로 새 성당이라는 이름이 붙었다. 이 성당 앞의 공원 같은 공터는 지금까지와는 다른 다소 황량하고 생경한 풍경에 뭐라 말할 수 없는 당황스러움을 느꼈던 곳이다. 화살표는 이곳에 우뚝 솟은 나무 한 그루와 작은 크루세이루를 돌아서 다시 끝없는 포도밭 길 사이로 이어져 있다.

그사이에 네이바강(Rio Neiva) 위에 만들어진 타부아스 다리(Ponte das Tábuas)를 지나게 되는데, 이 다리에 대한 기록은 1135년까지 거슬러 올라간다. 그리고 그 다리 아래로 흐르는 강의 한편에 굵은 자갈들로 주변을 둘러싼 움푹한 웅덩이가 있는데, 이곳이 여름에는 순례자들의 목욕 장소라고 한다. 5월의 뜨거운 햇볕 아래에서 걸었을 때는 다른 방향으로 난 길을 걸었기 때문에 알 수 없으나 10월은 상당히 쌀쌀한 날씨였기 때문이었는지 여기에서 목욕하는 사람들은 볼 수 없었다. 기록을 위해서도 조금이라도 특이한 장소는 모두 사진을 찍으면서 걸었는데 여기서는 왜 그런지 몰라도 장소만 확인하고 그대로 지나쳤다.

발루강이스의 상마르티뇨 성당(위)과 성당 내부(아래)

어찌 되었건 타부아스 다리를 지나 포도밭 길 사이를 걷다가 발루강이스(Balugães) 마을을 가로지르면서 약간의 언덕길을 올라가게 되는데 마을의 끝자락, 언덕길이 시작되는 곳에 있는 식수대는 마을 주민들도 차량을 이용해 이곳까지 와서 물을 길어가는 곳이다. 식수대 옆의 돌담은 아름다운 꽃으로 장식되어 있어 걸어가면서도 기분이 좋아진다. 그다지 가파르지 않은 경사길을 굽이쳐 돌아 내리막길로 내려서는 지점에서 이 일대에서는 보기 드물게 올리브나무들이 줄지어 서 있는 한적한 풀밭 위에 높이 세워진 크루세이루와 아름다운 성당이 저절로 발길을 사로잡는다.

안내 애플리케이션에서 "로마네스크풍의 보석"이라고 표현하고 있는 이 아름다운 성당은 발루강이스(Balugães)의 상마르티뇨(São Martinho) 성당으로, 동 페드로(Dom Pedro) 주교에 의해 11세기에 세워진 후 1927년까지 교구 교회로 사용되었지만, 그사이에 원래 성당 안의 나무 바닥은 돌로 바뀌었고 내부도 새로 칠하는 등 많은 변화를 겪었다. 하지만 작은 규모에도 불구하고 기품 있고 아름다워서 바쁜 발걸음을 이곳에서는 잠시 쉬어가도 좋겠다. 제대 앞에 양쪽으로 유리관 속에 모셔진 성모상과 주교상이 모셔져 있는데, 주교상은 아마도 동 페드로 주교가 아닐까?

아름다운 제대를 마주하고 앉아서 잠깐 휴식한 후 다시 화살표를 따라가면 밭 사이로 나 있는 좁은 길과 아스팔트로 된 마을 길을 따라서 걷게 되는데, 순례자들을 위해 1유로라는 저렴한 금액을 적어놓고 담벼락에 과일과 물을 걸어놓은 무인 판매대도 만날 수 있다. 목마르고 지칠 때 이런 바구니에서 건져낸 납작 복숭아는 정말 별미다. 납작 복숭아는 스페인과 포르투갈에서 흔히 볼 수 있는 복숭아로, 우리나라의 복숭아를 그대로 납작하게 눌러놓은 것 같아서 붙여진 이름이다. 복숭아 맛이긴 하지만 무언가 한국 것과는 다른 묘한 매력이 있는 맛인데다가 수분도 적당하고 한 손에 들어가기 딱 좋은 크기여서 걸어가면서 먹기에 좋은, 그야말로 순례자용 과일이다.

다시 정신을 가다듬고 보니 지나는 길목에 참 많은 알베르게 표시가 있다. 길은 N204 도로 방향을 따라서 교통량이 많지 않은 마을 길 사이를 걸어가게 된다. 발루강이스에서 약 2시간, 6km 정도를 걸어가다 보니 마을 사람들이 모여 무슨 행사 같은 것을 하는 비교적 넓은 마당이 있는 산토 안드레 데 비토리노 교구 성당(Igreja Paroquial de Santo André de Vitorino dos Piães)이 보인다. 이 성당에 대한 정확한 기록은 없으나 1220년 이전에 이미 건축된 것으로 알려진 유서 깊은 성당으로, 바로 뒤편에 호스텔이 있다. 오늘 일정의 약 2/3 지점으로 20km 이상을 걸었으므로 이 정도 지점에서 하루 일정을 마무리한다면 거리상으로는 적당할 것 같은데, 주변에 큰 마트 같은 것이 없어서 약간 고민이 되는 지점이기도 하다. 아무래도 포르투 코스에서 가장 긴 구간이어서인지 몸도 마음도 상당히 부담되어 중간에 쉬어간다면 어디가 좋을까를 계속 생각하게 된다. 처음으로 산티아고 길을 걷는 초보 순례자의 염려와 불안이 작용하고 있는 것 같다.

그런데 한없이 이어졌다 끊어졌다 하는, 아무도 없는 포도밭 사이로

폰테 데 리마의 순례자 석상(왼쪽)과 녹색 표지판(오른쪽)

난 길은 걸어도 걸어도 인적도 없고 끝도 보이지 않는다. 심지어는 카페도 없어서 화장실이 급한 것은 아니지만 급하게 볼일을 보고 싶을까 봐 그것도 신경이 쓰인다. 어쩌다가 포도밭 사잇길에 있는 간이 화장실을 본 적이 있는데 문이 잠겨 있었다. 여기도 화장실 인심은 야박한가 보다. 그렇게 포도밭 사잇길과 간혹 마을 길을 지나기도 하고, 큰 도로를 지나기도 하지만 인내심이 필요한 구간이다. 그런데 여기는 포도밭 사이로 올리브나무도 꽤 많이 보인다.

거의 7~8km를 그렇게 하염없이 걷다 보니 어느새 어둑어둑해지기 시작했고, 가로등에 불이 켜지기 시작하는 시점에 목적지인 폰테 데 리마까지 6.2km, 1시간 10분이 남았다는 이제까지와는 다른 녹색 표지판과 돌로 만든 순례자 형상이 나타났다. 색다른 표지판이 드디어 목적지에 가까워졌다는 안도감과 함께 말할 수 없는 감격으로 다가왔다. 그때는 폰테 데 리마는 표지판이 독특하다고 생각했는데, 이것은 폰테 데 리마 직전에 있는 파샤(Facha)에서 순례자를 위하여 고안한 독특한 표지판이었다. 파샤에서부터 걸으면서 몇 차례는 보였어야 할 텐데 나는 여기, 바로스(Barros)에서 처음으로 보고 신기해 했다.

순례자 석상과 녹색 표지판에서부터는 이미 거의 어둑어둑해지기 시작했다. 이 지점에서부터 숲길을 지나면 금방 과수원 사이의 돌담길이 이어지고, 얼마 지나지 않으면 리마강을 따라서 걷는 강변길이 나타난다. 아름다운 강변길은 도심까지 길게 이어져 있다.

오늘의 숙소인 카사 빌라(Casa da Vila)는 폰테 데 리마 중심가에 있는 2층 건물에 욕조와 화장실이 딸린 객실이 3개, 공동으로 사용하는 넓은 거실과 주방이 있는 곳이다. 현지인의 주택구조와 인테리어를 볼 수 있는 곳으로 1박에 30유로인 깨끗한 가정집 형태의 호스텔이었다. 게다가 다른 투숙객이 없어서 나 혼자 이곳에 머물게 되었다. 독채를 30유로라니…, 꽤 괜찮다. 포르투갈의 가정집(주인은 다른 곳에 기거하므로 정말로 가정집의 구조와 장식만을 볼 수 있는)을 경험할 수 있는 좋은 곳이었다. 주인에게 전화로 연락해서 만나 열쇠를 받고 다음 날 열쇠를 정해진 곳에 놓아두고 퇴실하는 방식이었다.

긴 하루의 여정을 마치고 드디어 휴식이다. 바르셀루스에서 여유롭게 아침 식사를 하고 출발한 데다가 성곽과 도심을 둘러보느라 거의 1시간을 지체해 오전 10시 30분 가까이 되어서야 바르셀루스의 도심을 벗어날 수 있었기에 숙소에는 저녁 9시경에야 도착할 수 있었다. 좀 더 계획성이 필요하다. 아마 또다시 걷는다면 그리고 아침에 바르셀루스를 보

중세의 다리

고 떠날 생각이라면 식사는 간단히 하거나 길을 걸으면서 먹고, 늦어도 오전 7시경에는 출발할 것이다. 먹는 것보다는 많이 보면서 여유롭게 걷고 싶으니까.

그런데 스페인에서 발원하는 작은 강인 리마강(Rio Lima)의 남쪽 강변에 있는 폰테 데 리마는 '리마 다리'라는 뜻의 도시 이름에서도 알 수 있듯이 리마강 위에 놓인 다리가 아름답고 고전적이면서 상당히 규모가 큰 도시다. 리마강 위에 세워진 '중세의 다리(Ponte Medieval Bridge)'는 길이 300m, 폭 4m, 높이 380m의 다리로서 포르투갈에서 가장 아름다운 중세의 다리라고 평가받고 있다. 이 다리는 로마 시대에 만들어진 다섯 개의 아치 부분과 중세 시대에 만들어진 부분, 크게 두 부분으로 구성되어 있는데, 이는 14세기에 강의 뱃길을 변경하면서 다리가 확장되었기 때문이다. 원래의 로마 다리는 브라가시와 스페인의 아스토르가를 연결

마트리즈 성당(아래), 마트리즈 성당 내부(위)

하는 도로 일부였다. 이러한 다리의 역사에서도 알 수 있듯이 폰테 데 리마는 로마 정착촌이 있었던 곳이기도 하면서, 1125년 3월 4일 포르투갈에서 최초로 시 인가를 받은 가장 오래된 도시 중 하나다. 그런 만큼 시가지 군데군데에서 오랜 역사의 흔적을 만나볼 수 있다.

유럽의 거의 모든 도시가 그렇듯이 폰테 데 리마도 성당을 중심으로

중세의 다리에서 본 폰테 데 리마 시가지. 오른쪽 끝에 구 감옥탑이 보인다.

시가지가 형성되어 있다. 이곳의 중심지 역할을 하는 성당은 마트리즈 성당(Igreja Matriz)으로, 성당 주변에 상가와 제반 시설이 밀집되어 있다. 12세기에서 13세기 사이에 건축되어 1450년에 증축되었으며 1590년에 재건축된 역사 깊은 이 성당은 아름다운 로마네스크 양식의 포인트 아치를 보존하고 있다. 내부에는 나무로 된 천장 아래 여러 시대에 걸쳐 만들어진 수많은 조각상이 전시되어 있다. 네오고딕 양식의 장미창은 1932년에 만들어진 것이다.

성당 주변의 시가지는 성파울로탑(Torre de S. Paulo)과 구 감옥탑(Torre da Cadeia Velha) 같은 오래된 성벽의 흔적이 도시의 현대 건축물들과 어울려 폰테 데 리마의 독특한 도시경관을 자아낸다. 이 중세 말기의 건물들은 1945년에 문화유산으로 등록되었고, 현재는 관광안내소 역할과 함께 수시로 전시장소가 되기도 한다. 그리고 시가지 뒤편 언덕에 높이 솟은 후작의 궁전(Paço do Marquês)은 15세기에 지은 저택으로, 현재 군사 통역 센터가 자리 잡고 있어 이 지역의 지정학적 중요성을 말해주고 있다. 가능하다면 언덕 위에 올라가서 시내 전체를 조망하는 것도 좋을 것 같다.

한편, 리마강을 따라서 길게 조성된 강변공원은 시민들의 산책로 역할을 충실히 담당하고 있다. 강변 전체에 잔잔하게 흐르는 음악을 배경으로 오후 늦은 시간까지 해가 지지 않는 이곳의 저녁 시간을 여유롭게 보내고 있는 마을 사람들을 보는 것만으로도 힐링이 되는 곳이다. 폰테 데 리마는 비뇨 베르드(Vinho Verde)라고 하는 와인과 사하불류(Sarrabulho)라고 하는 돼지 피가 주재료인 요리가 유명한 곳이니, 이곳에서 머물 때 와인 한잔을 곁들인 정찬으로 몸과 마음을 힐링시켜보는 것도 좋겠다.

리마 강변

폰테 데 리마 시가지

한편, 매주 두 번째 월요일에 '중세의 다리'를 중심으로 강변을 따라 형성되는 시장은 포르투갈에서 가장 큰 정기시장 중 하나라고 한다. 마침 두 번째 이 도시를 지나던 날이 월요일이어서 아침부터 부슬부슬 비가 내리는 가운데도 수많은 점포와 사람들로 활기를 띠는 장면을 볼 수 있어서 기분 좋은 출발을 할 수 있었다.

5

Camino Portuguese Central

폰테 데 리마(Ponte de Lima)에서 루비앙이스(Rubiães)

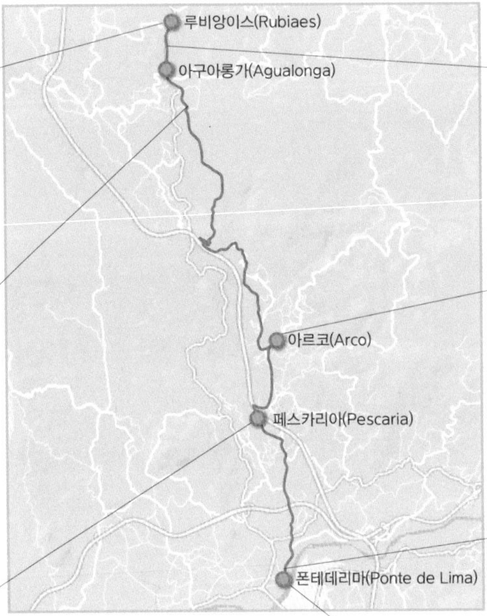

사립 알베르게, 카사 데 라마스

프랑스의 십자가

네베스 경당

수호천사 경당

바르, 오아시스 도 카미뇨

산토 안토니오 다 토헤 벨랴 성당

폰테 데 리마(Ponte de Lima)에서 루비앙이스(Rubiães)

5

18.6km

전혀 인기척을 느끼지 못했는데 주인장이 새벽에 다녀갔는지 어느새 주방에 깔끔하게 차려놓은 과일과 빵으로 간단하게 아침 식사를 한 후 8시에 출발했다. 이 도시의 상징이기도 한 아름다운 리마 다리 위에서 뒤돌아본 폰테 데 리마는 기품 있는 아름다움을 가지고 있었다. 다리를 건너면서 바로 우측으로 보이는 성당, 정식 명칭은 산토 안토니오 다 토헤 벨랴 성당(Igreja de Santo António da Torre Velha)이라는 긴 이름을 가지고 있는 이 성당은 19세기에 있었던 희망의 성모 성당(Nossa Senhora da Esperança)을 재건축하면서 확장한 건물이다. 오래된 탑이라는 뜻인 '토헤 벨랴(Torre Velha)'라는 이름이 붙여진 것으로 볼 때, 중세 시대의 요새 도시였던 이곳에서 요새가 철거될 때까지 또 다른 탑, 즉 이 탑보다 나중

산토 안토니오 다 토헤 벨랴 성당과 수호천사 경당

에 만들어진 새 탑이 존재했다는 사실을 알 수 있다. 도시의 상징인 다리의 한쪽 끝에 있는 이 자그마한 성당이 한때 요새 도시였음을 상징하고 있다는 점이 흥미롭다. 그렇게 알고 보니 성당의 규모에 비해 종탑이 상대적으로 높고 화려하게 만들어져 있는 것 같다.

그리고 성당 옆의 강변에는 1978년에 국가 유산으로 지정된 수호천사 경당(Capela do Anjo da Guarda)이 있다. 성미카엘 경당이라고도 불리는 이 독특한 로마네스크 양식의 작은 경당은 13세기 말에 만들어졌는데, 리마강의 홍수로 부분적으로 파괴된 것을 18세기에 재건했고 2021년에 복원사업이 이루어졌다. 화강암으로 만들어져 있는 사각형의 경당 안에는 수호천사인 미카엘상이 있다.

화살표는 산토 안토니오 성당을 지나 오른쪽으로 꺾어서 마을을 벗

——— 수호천사 경당(왼쪽), 경당 내의 미카엘 천사상(오른쪽 · 사진 출처 : © Xauxa)

어나는데 금방 아름다운 포도밭 길과 숲길로 이어진다. 어제는 배낭을 숙소까지 배달시켰지만 가다가 힘이 들면 중간에 적당한 곳에서 숙박할 수 있게끔 이번에는 배낭을 메고 걸었다. 그런데 어제와 비교해 출발하면서부터 길이 너무 아름답고 걷기 편하다. 안내 책자에도 포르투 중앙 코스에서 처음으로 만나게 되는 환상적인 구간으로, 반은 자연과 함께하는 길이라고 소개하는 곳이다. 주요 도로인 N201과 같은 방향으로 걸어가지만 이 도로와는 한 번도 마주치지 않는, 즉 위험한 곳이 없는 길이라고 했다. 단지 중간에 경사가 급한 산길이 있다는 것이 흠이기는 하지만….

숲 사이로 걸어가다가 보면 멀리 침엽수림 위로 하얀 돌산이 눈에 띈다. 언뜻 보기에는 석회암 봉우리처럼 보이지만 무언가 돌을 깎아 낸 민둥산처럼 보이기도 한다. 이 일대의 집들은 나무보다 돌을 더 많이 사용하는데 이와 관련이 있을지도 모르겠다는 생각이 든다. 한국의 한 건축가가 지은 책에 따르면 유럽 건축물들의 주재료가 돌인 것은 강수량 때문으로, 비가 많은 아시아 지역과 달리 비가 적은 유럽은 땅이 단단해서 돌을 사용해 집을 짓는다고 했다. 이 건축가의 주장대로 한 지역의 건축은 기후와 토질에 크게 영향을 받지만, 해당 지역에서 쉽게 구할 수 있는 건축 재료도 그에 못지않게 중요하다.

출발 후 1시간 반 만에 폰테 데 리마에서 6.6km 거리에 있는 페스카리아(Pescaria)에 위치한 바르(Bar), 오아시스 두 카미뉴(Oasis do Caminho)에 도착했다. '바르'는 사전상의 의미로는 '선술집'인데 거의 카페와 유사한 개념이라고 보면 된다(이 책에서는 가게의 정식 명칭에 따라 바르와 카페로 구분해서 표기하고 있다.). 어쨌건 오아시스 두 카미뉴는 상당히 규모가 큰 알베르게를 겸한 바르로, 그곳의 위치를 알 수 있는 지도를 가게의 유리에 표시해두고 있어서 인상에 남는다. 굵은 실선으로 표시된 것이 도로이고, 점선이 우리가 걷는 산티아고 순례길이다. 이곳에서 그다지 먹고 싶지는 않았지만, 토스트 샌드위치와 커피, 물 등을 시켜 먹고 잠시 쉬었다. 모두 지나가다가 바르가 있으면 휴식과 화장실 때문에라도 잠시 걸음을 멈춘다. 물론 당연하게 세요도 받을 수 있다. 또한, 바르는 지나면서 눈에 익은 사람들끼리 눈인사를 하고, 때로는 이야기도 나누는 장소이기도 하다. 바르셀루스에서 출발해서 폰테 데 리마까지는 정말 거의 아무도 만날 수 없었는데 오늘은 출발하면서부터 상당히 많은 사람이 보인다. 폰테 데 리마에서 갑자기 사람들이 많아지는 이유 중에는 포르투에서 산티아고로 가는 세 갈래 길 중에서 내가 걷고 있는 센트럴(중앙)길(Centeral Way, 혹은 Main Portuguese Way라고도 한다.)과 브라가(Braga)를 경유해서 가는 브라가 길(Portuguese Way via Braga)이, 이 도시에서 합해

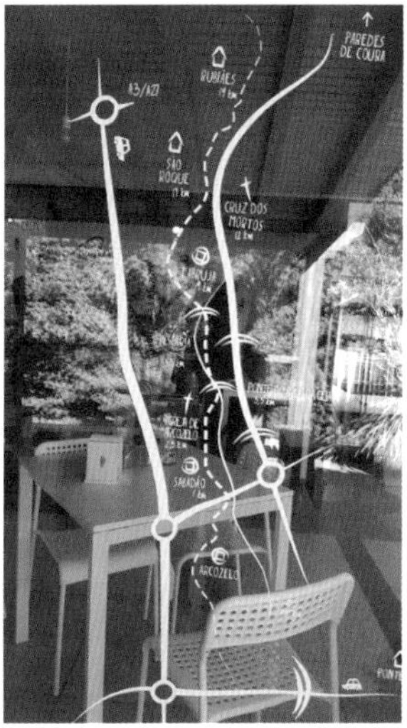

페스카리아에 위치한 바르 오아시스 두 카미뉴(위). 오른편에 보이는 건물의 1층은 바르, 2층은 알베르게로 사용되고 있다. 오아시스 두 카미뉴 입구(아래)

지기 때문인 것 같다. 이 길은 다시 발렌샤(Valença)에서 해안 길(Coastal Portuguese Way)과 합해진다. 그리고 더러는 여러 가지 이유로 완주증을 받을 수 있는 100km의 조건을 충분히 충족하면서 어느 정도 힘든 구간을 통과한 곳으로, 교통이 편리한 지점에서 시작하고자 하는 사람들도 있을 것이다.

페스카리아의 바르를 지나면서부터 다소 경사가 있는 산길을 걷게 되는데, 5월의 경사진 산길은 그늘이 많이 없어서 걷기가 쉽지 않다. 그런데 나는 경사가 있는 산길을 잘 못 걷기 때문에 내가 느끼는 '걷기가 쉽지 않다'라는 말은 객관적이지 않을 수 있다. 하지만 어제와 비교하면 구간 거리도 거의 절반밖에 되지 않으므로 여유로운 마음으로 아름다운 경치가 나오면 사진에 담으면서 걸었다. 앞서가던 사람들이 거의 모두 사진을 찍고 가는 자리가 있어서 가보니 계곡 사이로 작은 폭포가 만들어져 있다. 이렇게 산길을 걷다가 보면 중간중간 멋진 풍경이 펼쳐지기도 한다. 이런 멋진 풍경이 지친 발걸음에 커다란 위로를 준다.

이렇게 페스카리아에서 약 2.4km 정도 완만한 경사를 따라 산길을 걸어가면 작은 마을 아르쿠(Arco)를 지나가게 된다. 여기서부터 그다지 길지는 않지만 마을을 지나는 EM522 도로를 따라서 걷는 구간이 나오는데, 오른쪽으로 길게 포도밭이 이어지는 길이다. 인도가 좁은 도로여서 걷는 데 조금 신경이 쓰인다. 이 도로를 따라가다가 마을 안쪽으로 꺾어지면서 경사가 다시 심해지는 지점에 크루세이루와 경당이 보이는 쪽으로 화살표가 향한다.

돌로 만들어진 작은 네베스 성모 경당(Capela de Nossa Senhora das Neves)은 화살표를 따라 산길로 올라가는 초입에 활짝 열린 입구가 있

계곡 사이의 작은 폭포(위), 그늘이 많이 없고 경사가 있어 걷기가 쉽지 않은 산길(아래)

어서 저절로 그 안으로 발길이 닿는다. 소박한 경당으로 잠시 앉아서 묵상하기에 좋을 것 같았지만 구석에 거미줄과 날아다니는 벌레가 너무 많다. 그래서 그런지 밖으로 나와 보니 다들 경당 밖의 그늘과 바로 옆

아르쿠의 네베스 경당(왼쪽), 경당 내부(오른쪽)

의 카페, 쿠냐 누네스(Cafe Cunha Nunes)에 앉아서 쉬고 있었다. 시계를 보니 10시 56분, 걷기 시작하고 약 3시간이 지난 데다 이다음부터는 카페를 찾아보기 힘들어서 한숨 돌리기에 적당한 위치다. 경당과 쿠냐 누네스 사이로 이어지는, 하얀 담이 인상적인 길이 끝나는 지점에서 마을길은 끝나고 바로 산길로 접어들게 된다. 산길이라고 하더라도 그다지 경사가 급하지 않고 나뭇가지 사이로 부서져 들어오는 햇살이 기분 좋은 길이다.

30분 정도 기분 좋은 산길을 걸으면 도착하는 라브루자(Labruja) 마을

돌담에 핀 꽃들이 눈부시게 아름다운 라부르자 마을 길(위), 포도 넝쿨로 만들어진 터널(아래 왼쪽), 아르쿠에서 라브루자로 이어지는 산길은 신록 사이로 부서지는 햇살이 기분 좋은 길이다(아래 오른쪽).

은 돌담에 핀 아름다운 꽃들과 포도 넝쿨 사이로 만들어진 환상적인 터널로 저절로 자연에 취하게 된다. 네베스 경당이 있던 아르쿠에서 이곳까지 2km 정도의 거리에 숙소가 세 군데나 있다.

그런데 이때부터 끝없이 가파른 자갈과 돌산이 이어진다. 앞에서도 이야기했지만 경사진 산길에 약한 나에게는 '이런 길인 줄 알았으면 해안 길로 갈 걸' 하는 후회와 불평이 절로 나올 정도로 끝없는 산길이다. 그래도 중간중간 포도나무 덩굴로 만들어진 터널이 아름답고 시원한 길을 만들어주고, 작긴 하지만 계곡의 폭포도 볼 수 있는 멋진 곳도 많다. 이런 매력에 이 길이 포르투갈 길 중에 가장 사람이 많다는 걸까? (우리나라 사람들 말고! 아직 한국인은 한 명도 만나지 못했다.)

그렇게 끝없는 산길이 이어지니 어디쯤인지 알 수가 없다. 오늘은 아예 구글 맵을 한 번도 보지 않고 걸었다. 화살표가 안 보여 불안해질 즈음이면 반드시 어딘가에 화살표가 그려져 있다. 오로지 노란 화살표만을 의지하면서 걷는 길이다. 심지어 끝없이 이어지는 돌투성이 경사 길에도 어김없이 화살표는 있다. 만약 한참 동안 화살표가 안 보인다면 길을 잘못 든 것이니 마지막에 보았던 화살표가 있던 자리로 되돌아갈 필요가 있다.

5월 말의 포르투갈과 스페인은 햇볕이 따갑다. 중간중간 숲길이 있다 하더라도 가파른 돌산을 배낭을 메고 걷는 것은 상당히 지치게 만든다. 그렇게 헉헉거리며 걷다 보니 산길 중턱에 세워진 십자가와 돌무더기,

돌무더기(위)와 돌투성이 경사길의 화살표(아래)

그리고 돌로 꼭 눌러 십자가 아래에 놓아둔 사진과 옷들이 눈에 띈다. 지나다 보면 참 많은 크고 작은 십자가를 보게 되는데, 무언가 특이하여 마음이 찡하게 와닿는 이 십자가는 '프랑스의 십자가(Cruz dos Franceses)'라

——— 프랑스의 십자가

불리는 십자가로, 오늘 걷는 구간에서 가장 높은, 아니 포르투 길에서 가장 고지(?)인 405m 정상의 아래 350m 지점에 세워진 것이다. 정상의 높이가 405m인데 왜 그리 높아 보이던지…. 어제의 긴 구간과 오늘의 이 산 정상에 오르는 것이 두고두고 가장 힘든 구간이었다는 기억으로 남아 있는데, 아마도 5월 말의 따가운 햇볕 탓이었는지도 모르겠다. 같은 해 10월 말에 걸었을 때는 그렇지 않아도 선선한 날씨에 비까지 뿌려서 잔뜩 긴장했는데 너무 쉽게 정상에 도달해서 믿기지 않을 정도였으니까.

어찌 되었건 돌길, 산길을 걷다가 갑자기 나타난 이 묘한 십자가는 '죽은 자의 십자가'라고도 하는데, 십자가 아래의 기록을 보면 이곳이 나폴레옹 군대의 병사들을 라브루자(Labruja) 주민들이 뒤에서 몰래 습격했던 장소였다고 한다. 이렇게 죽은 자의 십자가라는 명칭이 붙은 것은 자신들이 이곳에서 죽인 프랑스군을 애도하는 마음을 담기 위한 것인지도 모르겠다. 순례자들은 마치 그 유명한 프랑스 길의 철 십자가에서 하는 것처럼 순례를 기념하는 작은 돌이나 기념품, 옷가지들과 사진을 여기에 하나씩 쌓고 지나가는데, 유래를 보지 않더라도 이 십자가가 풍기는 이미지는 경건하기보다는 왠지 스산했다.

죽은 자의 십자가를 지나면서부터 산길은 급격한 돌덩이 경사 길로 이어지는데, 위를 쳐다보는 것만으로도 아찔하다. 그런데 이 경사 앞에서 넋을 놓고 올라가지 못하고 앉아 있는 한 순례자가 있었다. 그녀와 둘이서 '정말 이 길을 올라가야 해?'라는 표정으로 한숨 섞인 눈인사를 나눈 뒤 나는 다시 스틱에 몸을 맡기고 한 걸음 한 걸음 올라갔다. 이것이 데이비와의 첫 만남이었다.

산 정상, 알투 다 포르텔라 그란데(Alto da Portela Grande)에 겨우겨우 올라가니 먼저 올라가서 거의 쓰러지다시피 누워서 쉬고 있던 두 중년 여성이 환호성을 지르며 손뼉을 쳐준다. 그만큼 다들 올라오는데 힘들었다는 말을 대신하는 격려였다. 이렇게 다들 걸으면서 공감하고, 인사를 나누고, 서로 간의 위로와 격려가 되어주는 것이 이 길의 또 다른 매력이다. 나 같은 내성적인 성격조차도 나도 모르게 인사를 하고 말을 걸게 되는….

정상에서 쉬면서 보니 알베르게 한 곳과 포장마차 바르가 하나 있다. 험한 산길을 올라와서인지 많은 사람이 알베르게로 들어가는 것이 보였지만, 거리도 어중간한 데다 지나치게 산중이라는 점이 마음에 걸려 들어가지 않고 포장마차 바르에 앉아서 시원한 음료를 한 잔 시켰다. 산 정상의 포장마차이다 보니 세요는 받을 수 있어도 화장실은 없다.

이곳에서 먼저 와서 쉬고 있던 팔십 대로 보이는 여성 한 명(나중에 알게 된 미국인 캐런), 그리고 아래에서 쉬다가 올라와 한자리에 앉아 쉬게 된 데이비, 또 다른 몇 명의 순례자들과 어울려 잠시 쉬다가 캐런, 데이비와 함께 다시 걷기 시작했다. 그다음부터는 내리막길로, 우거진 나무 사이로 걷는 숲길이어서 비교적 걷기는 쉬웠지만 지쳐 있는 상태에서는 한 발짝 떼는 것이 힘이 든다. 배낭을 메고 8시부터 걷기 시작해서 2시경까지 계속 산길을 걸으니 많이 지친다. 걷다 보니 두 사람은 어느새 보이지 않고 다시 혼자 걷고 있다.

산길을 거의 내려와서 포도밭 길 사이를 걷는데 알베르게 표시가 있다. 아구아롱가(Agualonga)라는 지명이 나와서 찾아보니 목적지인 루비앙이스(Rubiães)까지는 아직 4km 이상이 남았다고 되어 있지만, 화살표가 지나가는 길목은 아구아롱가의 끄트머리, 루비앙이스의 초입에 해당하는 상호크(São Roque)에 가까운 곳이다. 여기서부터 계속해서 사립 알베르게들이 있지만 오늘 예정이 2시 정도까지 걷는 것이었고, 그 시간쯤 상당히 지쳐 있었으므로 알베르게가 보이는 대로 들어갈 생각으로 걷다가 들어간 곳이 카사 데 라마스(Casa de Lamas)이다. 포도밭 한가운데를 가로질러 들어갔는데 앞문은 도로변에 있었다. 카사 데 라마스는 가정집 일부를 순례자용 숙소로 제공하고 있었는데, 1박에 20유로로 2인실이어서 나중에 한 사람이 더 오면 같이 사용해야 한다고 했다. 그런데 주인아주머니는 전혀 영어가 되지 않았다. 번역기를 사용해 손짓, 발짓하면서 의사소통해야 해서 어려움이 있었지만 그래도 참 인상이 좋은 분이다.

하루를 걸으면 온몸이 땀으로 흠뻑 젖어 전부 세탁해야 한다. 세탁기가 있느냐고 물으니 세탁기는 사용료를 내야 하지만 마당에서 손빨래하

사립 알베르게, 카사 데 라마스(위). 자외선이 강하여 걷기에는 힘이 들지만, 마당에 널어둔 빨래는 금방 마른다(가운데). 카사 데 라마스의 포도밭, 숙소에서 창문을 열면 보이는 풍경이다(아래).

는 것은 괜찮다고 했다. 포르투갈 시골에서 차가운 수돗물에 빨래해보는 것도 좋은 경험이라 생각해 돌 빨래판에 손으로 전부 주물러서 햇볕에 널었다. 마당에 빨랫줄도 많고 햇볕도 쨍쨍하니, 빨래는 금방 마른다. 마당 한편에 마련된 의자에 앉아 널어둔 빨래와 포도밭, 그리고 멀리 숲 너머로 보이는 성당과 구름 한 점 없는 파란 하늘을 보고 있자니 절로 기분이 상쾌해진다. 방도 침대도 깔끔하고, 창밖으로 포도밭이 바로 보여서 방 안에 있어도 기분이 좋다.

그런데 말이 전혀 안 통해 답답하다. 번역기도 한계가 있었다. 내일 아침은 제공된다는데 오늘 저녁에 대한 말이 없어서 어떻게 하느냐고 물으니 주인아저씨가 차로 식당까지 데려다준다고 하는 것 같았다.

약속한 대로 6시에 아저씨가 승용차로 나를 데려다준 식당은 루비앙이스의 삼거리를 조금 더 지난 곳에 있는 식당(Restaurante Bom Retiro, 봉헤치루)으로 많은 순례자가 이곳에서 식사하고 있었다. 루비앙이스는 농가만 여기저기 흩어져 있는 농촌 마을로, 지금 간 식당 이외에는 마트도 카페도 아무것도 없어서 재료를 사서 만들어 먹을 수도 없는 곳이다. 레스토랑 앞은 계속해서 자동차로 순례자들을 태워 오고, 태워 나가는 모습들이 보였다. 그리고 이곳에서 캐런과 데이비를 다시 만났다. 두 사람은 루비앙이스까지 끝까지 걸어왔다고 한다. 그들에게 내 숙소 사진을 보여주었더니 감탄사를 연발한다.

두 사람은 먼저 떠나고 혼자 앉아서 스파게티와 샐러드를 주문했다. 항상 느끼는 점이지만 스페인과 포르투갈은 음식의 양이 상당히 많다.

그런데 먹으면서도 숙소로 돌아갈 일이 걱정이었다. 주인아저씨는 나를 태워주고 가셨다. 가기 전에 손짓, 발짓으로 다시 데리러 와주는지 물었는데 주인아저씨는 계속 안심하라는 표정으로 "빠뜨롤"이라고 했다. 도대체 무슨 뜻인지 몰라서 사전을 찾아봐도 정확한 단어를 모르니 검색해도 나오지 않는다. 먹으면서도 어떻게 숙소로 돌아갈지 고민이 되었다. 말이 안 통하니 정말 답답했다. 대충 먹고 나와서 식당 앞의 의자에 앉아서 연락할 방법을 고민하고 있는데 그것을 보고 식당 주인아저씨가 태워주었다. 먹으면서도 보니 여기저기서 순례자들을 태우고 오가는 그런 시스템인 모양이다. 두 번째 같은 길을 걸었을 때는 그 경험으로 주인아저씨에게 숙소까지 태워달라고 부탁했다. 말 그대로 산 경험이었다.

저녁을 먹고 돌아오니 7시 반경이 되었나 보다. 하지만 아직 햇빛이 쨍쨍하다. 마당에 앉아 있는 것도 기분이 좋다. 저녁 바람이 선선하게 부는 정원과 그저 보고만 있어도 힐링이 되는 산과 포도밭, 마을풍경이 정겹다.

폰테 데 리마에서도 독채를 혼자 사용했는데, 오늘도 이곳에는 나 혼자 머물게 되었다. 조금 전 식당에서는 제법 사람들이 많았는데, 아마 다들 가장 초입에 있는 이곳보다 루비앙이스 근처까지 가서 머무는가 보다. 말이 안 통하고 식당이 멀다는 점 말고는 정말 인상에 남는 좋은 숙소였다.

6

Camino Portuguese Central

루비앙이스(Rubiães)에서 발렌사(Valença)

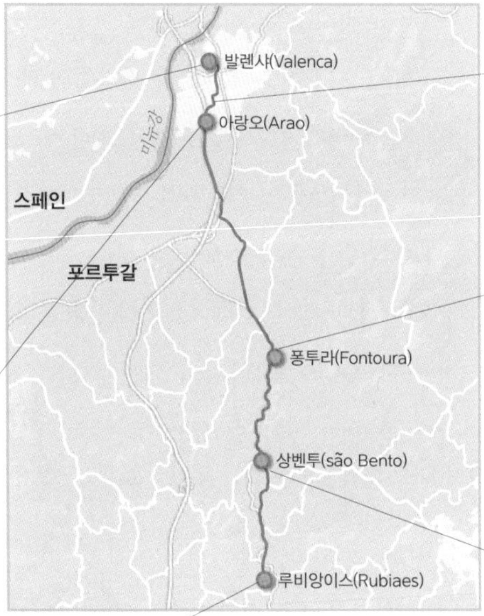

알베르게, 티토니오

가정집의 알미냐

중세 로마노 다리

공동 세탁장

순례자 대중 목욕탕

상벤투 포르타 아베르타 성당

루비앙이스(Rubiães)에서 발렌사(Valença)

6

20.3km

아구아롱가의 숙소에서는 상당히 깔끔하고 영양가 있게 조식을 차려 주셨다. 무엇보다 포르투갈의 가정집 분위기를 맛볼 수 있다는 것이 더 없이 좋았다. 숙박객은 나 혼자였으므로 혼자서 커피랑 과일, 빵, 치즈 등을 먹도록 해주셨는데 아침은 항상 제대로 넘어가지 않아서 빵 한 조각과 햄 한 장, 커피 한 잔으로 끝내고 바나나 한 개와 빵 한 쪽을 점심용으로 들고나왔다.

말이 잘 안 통해서 많이 답답하긴 했지만, 정성껏 친절하게 대해주신 주인아주머니께 한국에서 가져간 튤립 모양 누비 열쇠고리를 선물로 드렸더니 아주 좋아하면서 직접 만들었냐고 하신다. 나는 전혀 그런 재주가 없다. 웃으면서 아니라고 했더니 그래도 정말 고맙다며 안고 볼에 입

숙소에 차려진 나 혼자만을 위한 조식상 차림. 복도를 사이에 두고 주인 부부가 거주한다.

을 맞춰주신다. 좋은 인연, 좋은 기억으로 남게 해주심에 오히려 감사한 마음을 안고 7시 20분경에 출발했다. 다음에 이 길을 지난다면 다시 가고 싶다고 생각하면서. 정작 다음에 갔을 때는 좀 더 루비앙이스 가까이에서 머물고 말았지만, 그래도 포도밭 옆을 지나가면서 저 멀리 보이는 카사 데 라마스(Casa de Lamas)가 추억에 젖게 했다.

어제 숙소에 들어갈 때는 포도밭을 가로질러 갔지만, 나올 때는 도로변의 정문으로 나와서 그저께 식당으로 갈 때 지났던 도로를 따라서 걸었다. 도로변 길이라고는 하지만 양옆으로 포도밭과 사이사이 주택이 보이는, 그다지 자동차도 많이 다니지 않는 평탄한 길이다. 약 10분을 걸으니 오른쪽으로 상호크 경당(Capela de São Roque)이 보이고 경당 옆 전신주에 오른쪽을 가리키는 화살표가 나온다. 세 갈래 갈림길에 해당

루비앙이스의 중세 로마노 다리

하는 이곳에 루비앙이스 표지판이 서 있다. 어제의 식당은 이 길을 따라서 한참을 더 들어가야 했다.

경당 옆길로 들어서면서 숲길과 마을 길을 번갈아 지나는 길목에 여러 채의 알베르게들이 있었는데, 이 알베르게들이 끝나는 지점에서부터 본격적인 숲길이 시작된다. 어제 그 식당, 봉헤치로(Bom Retiro)와 가까운 거리까지 왔지만, 화살표는 식당 앞을 지나지 않고 꺾어진다.

기분 좋은 포도밭 길과 숲길을 따라서 조금만 걸어가면 중세 시대에 만들어진 아치형의 돌다리인 '루비앙이스의 중세 로마노 다리(Ponte Romano-Medieval de Rubiães)'를 지나게 된다. 이 길을 따라 걸으면 중세 로마노라는, 같은 명칭이 붙은 다리를 참 많이 지나게 된다. 중세 시대 로만 루트(Roman Route) 일부라는 증거이기도 한데, 중세 로마노 다리 옆에 해당 지역의 지명이 붙는다. 루비앙이스의 로마노 다리도 그

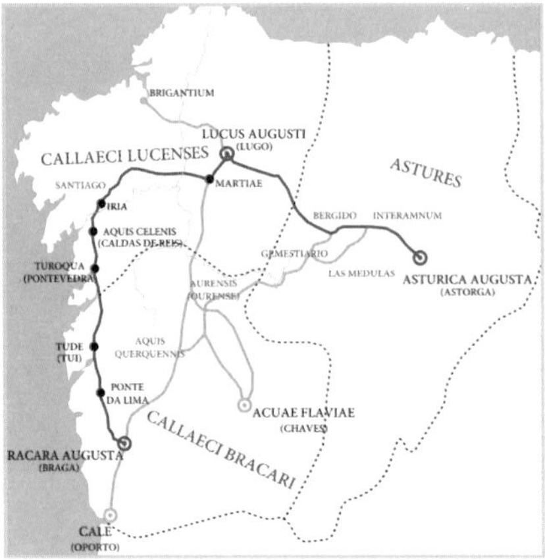

브라가에서 투이까지의 로마 도로 Via XIX(붉은색 표시). 지도 출처 : Wikipidia

앞에 세워진 낡은 안내판에 따르면, 로마제국 시대에 이베리아반도에서 가장 중요한 통로에 해당하는 로만 루트의 한 구간인 'Via XIX'로, 브라가에서 아스토르가로 이어지는 길이라고 되어 있다. 19번 경로를 의미하는 'Via XIX'는 '브라가에서 투이까지의 로마 도로(Via Romana de Braga a Tui)'로 알려져 있다.

포르투갈과 스페인의 국경을 이루는 미뉴강(Rio Mino)의 지류인 코우라강(Rio Coura) 위에 만들어진, 작지만 아름다운 이 다리는 로마 시대의 원형이 그대로 남아있다. 이런 역사적 배경 때문인지, 다리의 아름다움에 취해서인지, 아니면 강물과 어우러진 나무 덩굴에 취해서인지 한 순례자가 신발을 벗고 강물 속으로 들어가고 있었다. 아마도 아름다운 로마노 다리를 사진으로 담고 싶었는지도 모르겠다.

스페인과 포르투갈이 속해 있는 이베리아반도는 유럽이 걸어온 역사의 길 위에서 대단히 중요한 의미를 지닌 곳이다. 지중해 세력들 간의 각축장이면서, 한때는 유럽 역사의 중심 무대로 도약하기도 했던 이 지역은 고대로부터 복잡한 역사의 흐름이 이어졌던 곳이다. 가장 중요한 대목은 로마의 진출일 것이다. 지중해 서쪽의 요충지였던 탓에 로마와 카르타고의 헤게모니 다툼이 이베리아반도 위에서 벌어졌고, 유명한 포에니 전쟁으로 한니발의 카르타고를 몰아낸 로마가 반도를 지배하며 발전된 문명을 전파했다. 이어 게르만족과 고트족이 들어오고, 서고트 왕국이 건립되어 고대와 중세를 잇는 과도기를 이어 나갔다. 전성기의 로마 제국은 자신들의 군사적·경제적 영향력을 확대, 유지하기 위해서도 지역 간을 연결하는 도로망 구축에 심혈을 기울였고, 자갈과 흙, 돌 들을 이용해 견고하면서 안전한 로마인만의 독특한 도로를 완성하였다. 그리고 자연히 그 도로망은 자신들의 영역을 가장 효율적으로 통제할 수 있는 구간을 지나도록 만들어졌으며, 모든 도로망은 궁극적으로는 로마로 이어지게 될 수밖에 없었다. 그런 점에서 로만 루트가 지나가는 지역은 교역의 중심 기능을 담당했던 곳이라는 역사적 자부심을 가졌을 것이다. 순례길 중에 로만 다리 혹은 로마와 관련되는 지명을 자주 보게 되는 것도 이런 연유에서다.

이 다리를 지나면 한동안은 평탄한 길이 이어진다. 9시경에 길가에 앉아 잠시 휴식을 취했다. 아직은 평탄한 길이지만 발이 아파 등산화는 배낭에 매달고 샌들을 신고 걷기 시작했다. 그런데 쉴만한 곳이 안 보인다. 지금까지 걷는 사람 두 사람과 자전거 팀 세 사람을 만났다. 산길을 걷다가 작은 계곡으로 물이 떨어지는 것을 발견하고 아픈 발을 좀 식힐 겸 양말을 벗고 앉았는데 벌에게 쫓겨 금세 일어나고 말았다. 그런데 벌에게 발바닥을 쏘인 것 같다. 조금씩 오른쪽 발바닥이 아파진다. 숲길이라고 마음 놓고 앉았다가는 이렇게 벌에게 당할 수도 있다.

시간이 지나니 이제는 올라가는 사람들이 조금씩 보인다. 50분 정도 더 걸어가니 삼거리에 발렌샤로 가는 이정표가 보이고 카페 카스트로(Cafe Castro)가 있다. 카스트로는 미니슈퍼와 알베르게도 겸하고 있는 곳으로 루비앙이스에서 4.5km 거리에 있는 상벤투(São Bento)에 위치한다. 보이지 않던 순례자들도 카페에 앉아 쉬고 있었다.

카페에서 길 건너 바로 마주 보이는 상벤투 포르타 아베르타 성당(São Bento da Porta Aberta)은 18세기에 세워진 전형적인 바로크 양식의 성당이다. 상벤투는 성 베네딕토(Saint Benedict)의 포르투갈식 표기인데, 이 성당의 베네딕토 성인과 얽힌 전설은 흥미롭다. 성당을 재건축할 때 주보 성인인 베네딕토 성인의 성상을 성당 안의 주 제대 앞에 설치했는데, 다음 날 보니 그 성상이 원래 있었던 바깥 자리로 돌아와 있었다. 그래서 다시 성상을 안으로 들여놓았는데 다음 날 다시 성당 문이 활짝 열려 있었고 성상은 제자리로 돌아와 있었다. 이에 신자들은 성인이 바깥에서 쉬기를 원하시는가 보다고 해석했다고 하는데, 현재 그 성상은 성당 정면을 장식하는 파사드에 있다. 그리고 카페 카스트로에서 성당이 보이는 방향의 삼거리 표지판 바로 뒤쪽 성당 벽면에도 성화가 놓여 있지만, 화살표만 보고 따라가다가 미처 보지 못한 채 지나쳐버려 못내 아쉽다. 지날 때는 그 의미에 대해서 알지 못했기 때문이었지만, 사진으로 보니 작은 아치형의 십자가 아래 성화가 그려져 있는 것이 보인다. 상벤투를 지날 때 눈여겨볼 곳 가운데 한 곳인 것 같다. 그리고 조금의 시간적인 여유를 갖고 상벤투 성당으로 올라가 보는 것도 좋겠다.

카페 카스트로에서 본 발렌샤 이정표가 보이는 삼거리. 뒤로 보이는 성당이 상벤투 포르타 아베르타 성당이고, 그 앞에 성상이 그려져 있는 아치형 구조물이 보인다.

카페에서 잠시 쉬고 난 후 길 건너 있는 성당의 벽이 끝나는 지점에서 왼쪽으로 표시된 화살표를 따라서 걸어가니 바로 산길로 이어진다. 산의 정상부는 365m이지만 정상부까지 오르지는 않고 완만한 능선을 따라 걷는 길이다. 능선 꼭대기에서 멀리 보이는 큰 도시가 발렌샤(Valença)일 것 같다. 지금부터는 계속 내리막길이고 그 끝자락의 약 80m 고도에 발렌샤가 있으므로 아마도 내 추측이 맞을 것이다. 눈으로는 가까워 보이지만 걸어가면 상당히 먼 거리다. 지도상에 나와 있는 남은 거리는 15.8km다.

산길과 포도밭 길 사이를 걸어 퐁투라(Fontoura) 마을에 접어들면 간이주택처럼 보이는 창문이 많은 낡은 하얀 건물이 나타나는데, 순례자들이 샤워를 할 수 있도록 만들어진 대중목욕탕이다. 이 길을 걸으면서

순례자를 위한 대중 목욕탕

유일하게 볼 수 있는 대중목욕탕을 지나 마을 길을 따라가다가 보면 크고 작은 성당과 경당 앞을 지나가게 되는데 그중에는 문이 닫혀 있어도 문 앞에 세요를 찍을 수 있는 곳도 있다. 순례중에 세요가 채워져 가는 것을 보는 재미도 쏠쏠하므로 찍을 수 있는 곳에서는 모두 찍으면서 걷는다.

중간에 캐나다에서 온 데이비와 미국에서 온 캐런을 다시 만났다. 처음에는 두 사람이 항상 같이 다니기에 가족인가 했는데 알고 보니 걷다가 만났다고 한다. 이렇게 순례길에서 만나 서로 친해지기도 한다. 오늘 하루에 두 사람과 두 번 정도 스쳤는데 산티아고까지 가는 동안 분명히 다시 만날 수 있을 것이다.

파수스(Paços) 마을을 지나 12시경 넓지 않은 초지에 소들을 풀어놓고 키우고 있는 페드레이라(Pedreira)를 지났다. 절로 기분이 좋아지는 숲길

페드레이라

이 금방 끝나고 그 후부터는 완전히 땡볕이다. 이런 길은 같은 시간을 걸어도 더 많이 힘들고 금방 지친다. 2시간 넘게 그렇게 걸었던 것 같다. 12시 45분에 도착한 마을 입구에 식수대와 함께 앉아 쉴 수 있는 의자가 보였다. 걷다가 보면 이런 식수대가 곳곳에 있어 이곳에서 물을 담아 가는 사람들도 보았지만 나는 항상 준비해온 물을 마셨다. 하지만 이날은 배낭에서 물을 꺼낼 힘조차 없어 처음으로 식수대의 물을 마셨는데 들고 다니던 물보다 시원하고 맛있었다. 이렇게 맛있는 물을 두고 왜 그렇게 생수만을 고집했는지…. 짐을 줄이기 위해서도 가장 작은 생수병 하나만 사서 들고 다니다가 식수대에서 보충하는 것이 현명할 듯하다.

발렌샤에 도착하기 직전 마을인 아랑(Arão)을 가로질러 지나는데 갑자기 어디선가 "아베마리아" 노랫소리가 들려온다. 마을마다 흔히 볼 수 있는 알미냐로, 마리아상 옆에 조그만 스피커가 달려 있어 거기서 아베마리아 음악이 흘러나오고 있었다. 그런데 지금까지 본 알미냐는 담벼

스피커를 통해 '아베마리아'가 흘러나오는 아랑의 가정집(위)과 알미냐(아래)

락이나 길거리의 공적인 장소에 만들어져 있었는데, 아랑의 알미냐는 가정집 정원에 만들어두고 지나가면서 촛불을 붙이고 기도할 수 있게 되어 있었다. 그리고 계속해서 노래가 흘러나온다. 신앙이 일상화된 포

아랑의 공동 세탁장. 1964년에 만든 것을 2005년에 재정비했다.

르투갈의 모습이다.

그런데 아랑의 마을 주택가를 지나가는데 한 집의 벽면에 LG 에어컨이 보인다. 낯선 곳에서 마주한 대한민국 제품이 왜 그리도 반가운지. 아랑의 마을 끝자락에 공동 세탁장으로 보이는 시설물이 있었다. 길을 걷다 보면 이런 곳을 심심찮게 볼 수 있다. 세탁하는 사람들은 한 명도 볼 수 없었지만, 종종 이런 곳이 순례자들이 잠시 그늘에서 앉아서 쉴 수 있는 곳이면서 때로는 갑자기 만난 비를 피하거나 비옷을 꺼내 입는 장소로도 쓰인다. 이곳에 도착한 것이 오후 1시 35분으로 출발한 후 6시간이 지났으므로 신발이랑 배낭을 벗어두고 잠시 쉬었다. 세탁장은 상당히 깨끗하게 정비되어 있는데, 적혀 있는 안내 글을 보니 1964년에 만들어진 것을 2005년에 재정비했다. 공동 세탁장은 아직도 이 지역 주민들

능선 꼭대기에서 보이는 발렌샤

에게 생활공간의 역할을 하는 것 같다.

아랑에서 목적지인 발렌샤까지의 거리는 2.72km로, 세탁장에서 조금 쉬고 난 후 1시간가량을 더 걸어서 발렌샤의 초입에 도착했다. 어제 루비앙이스에서의 숙소가 정말 좋았지만, 말이 전혀 안 통했던 점과 밥을 먹으려고 일부러 멀리 자동차를 타고 가야 했던 점이 불편했기에 오늘 이곳 발렌샤에서는 시내 중심부까지 가야겠다고 마음먹었다. 발렌샤까지 가는 중간중간에 거리를 표시하는 광고판을 세워두었던 알베르게, 티토니오(S. Teotonio)를 목적지로 삼아서 가는데 그곳까지는 발렌샤 중심 시가지를 가로질러 가게 되어 있다.

발렌샤는 국경 도시로 크게 성곽 내부의 구시가지와 성곽에서 조금 더 안쪽에 형성된 신시가지의 두 구역으로 나누어져 있는데, 루비앙이스에서 발렌샤를 거쳐 국경을 넘기 위해서는 신시가지를 거쳐서 구시가

걷는 중간중간 보이는 다음 목적지의 알베르게 티토니오(S. Teotonio) 표시

지가 있는 성벽을 따라 걸어가야 한다. 그런데 알베르게, 티토니오를 찾아서 가는 도중에 3성급 호텔이 두 군데 나란히 있어서 그냥 저곳에서 묵어야겠다 싶어 들어갔더니 예약을 안 했기 때문에 안 된다고 한다. 땀을 흘리면서 걷고 있는 모습이 안쓰러웠든지 잠시 쉬고 가라고 하면서 시원한 물 한 잔을 건네는 친절함에 감사한 마음을 표시하고 원래 목적지였던 티토니오까지 갔다.

티토니오(S. Teotonio)는 발렌샤 인근 지방에서 태어난 최초의 포르투갈 성인으로 아폰소 엔히크(Afonso Henriques)왕의 고해신부였던 인물로, 발렌샤의 수호성인이기도 하다. 이 성인의 이름을 딴 알베르게 티토니오는 49개의 침대와 공동 취사장이 있는 규모가 큰 알베르게로, 요금은 5유로였다. 지금까지 이용했던 사립 알베르게나 호스텔 급의 호텔이 20에서 30유로니 상당히 저렴한 가격이다. 그런데 길을 걸으면서 보았

알베르게 S. 티토니오 (사진 출처 : https://pt-br.facebook.com/alberguevalenca/)

던 간판에는 개인실도 있는 것처럼 보여 체크인을 하면서 개인실이 있느냐고 물었더니 너무나 단호하게 'No'라고 한다. '뭐 이런 개념 없는 여자가 다 있지?' 하는 표정이었다.

여기서 처음으로 한국인을 만났다. 그런데 반갑게 인사하고 "알베르게에는 개인실이 없어요?"라고 물었다가 똑같은 반응을 받았다. 심지어 그는 "순례 온 거 아니냐?"고 했다. 순례란 무엇인가? 순례는 반드시 고행을 동반해야 하는가? 짐은 부치면 안 되고 반드시 자기 등에 짊어지고 가야만 하고, 다 함께 자는 이층 침대에서 잠자고, 공용 욕실을 사용해야 하는 것이 순례인가? 순례의 의미에 대해 혼자 고민하는데 그 한국인이 같이 수박을 먹잖다. 피곤하다고 했다가 경우가 아닌 것 같아 식당으로 내려갔는데 그 사람은 산티아고 순례길에 딱 맞는 야고보 성인의 본명을 지닌 야고보 씨로, 이미 예전에 프랑스 길을 한 번 걸었고, 포르투갈 길을 다시 걷고 있다고 했다. 많은 포르투갈 길을 걷는 순례자들이 이렇게 먼저 프랑스 길을 한 번 경험하고 난 다음에 이 길을 다시 걷는다. 아마도 그런 경우 이 길은 상당히 쉬운 길일 것이다.

야고보 씨는 길을 걸으면서 만나 같은 알베르게에 묵고 있는 안나 씨에게 나를 소개하면서 "이 사람은 오늘만 여기에서 묵고 내일부터는 호텔에 가서 잘 사람"이라고 했다. 황당하고 기분이 그다지 좋지 않았지만 별 대책이 없는 상황에서 알베르게의 이용 방법 등에 대한 설명을 들었다. 그래도 아무래도 대화가 자유롭다 보니 여러모로 편리한 방법을 공유할 수 있었다.

야고보 씨가 저녁을 먹기 위해 근처의 마트로 같이 가자고 해서 따라나섰는데, 큰길을 건너가니 상당히 규모가 큰 마트가 있었다. 순례길 방향에 알베르게가 모여 있는 곳에는 거의 반드시 대형 마트가 있고, 그곳에서 필요한 거의 모든 것을 살 수 있다고 했다. 아주 중요한 정보다.

그런데 혼자서 한 끼를 먹기에 적당한 것을 고르고 있는데 조금 양이 있더라도 사서 둘이 나누자고 제안을 해줘서 샌드위치 재료를 사 들고 와 공동 주방에서 같이 먹으면서 순례길 앱을 사용하는 법을 배웠다. 이렇게 하나하나 요령을 익혀 나간다.

국경 도시, 발렌샤 *Valença* 와 투이 *Tuí*

포르투갈과 스페인은 미뉴강(Rio Minho)을 경계로 갈라지게 되는데, 양 경계에 있는 발렌샤와 투이는 두 곳 모두 국경 도시답게 큰 도시들이다. 그중에서 발렌샤의 구도심이 있는 발렌샤 요새는 고딕 및 바로크 양식의 군사 건축물로, 첫 번째 성벽은 13세기에 지어져서 17세기와 18세기에 증·개축되었다고 한다. 이곳은 1928년에 국가기념물로 지정되었는데, 요새 도시답게 성벽 위에는 대포가 전시되어 있으며, 견고한 성벽 안으로 들어가는 출입구는 현재도 건

크라운 게이트

요새 벽의 문 입구(위), 발렌샤의 성벽(가운데), 성벽 위의 대포(아래)

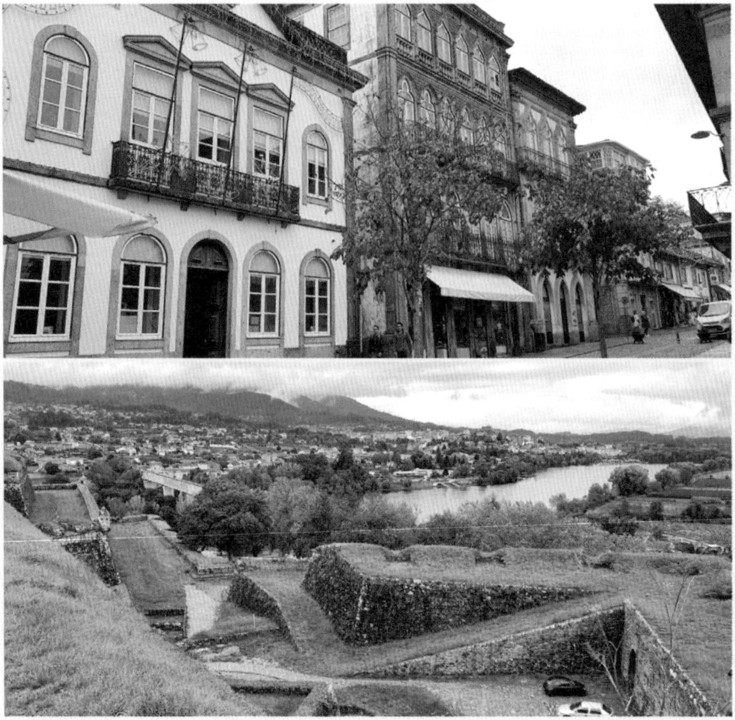

발렌샤의 구시가지(위), 발렌샤 성곽 위에서 바라본 투이(아래)

재함을 과시하며 중세의 도시로 들어가는 관문 구실을 하면서 우리를 역사 안으로 이끌어준다. 우리가 들어간 남문은 '크라운 게이트(Portas da Coroada)'라고도 하는데, 17세기에 만들어진 주 출입문이다.

성벽 안으로 들어가서도 곧바로 도시 안으로 들어가는 길과 성벽을 따라 걷다가 북쪽으로 빠져나가는 길, 그리고 성벽 위로 올라가서 전체를 조망하는 길 등을 선택할 수 있는데, 성벽 위에서 미뉴강 너머로 스페인 땅 투이를 바라보는 풍경은 감탄사가 절로 나올 정도로 아름답다. 반대로 투이에서 미뉴강 건너 바라보는 포르투갈 땅의 발렌샤는 굳건한 성벽 위로 높이 솟은 첨탑과 건물들이 위풍당당하다.

발렌샤는 큰 도시인만큼 알베르게뿐만 아니라 호스텔과 호텔 등 많은 숙박업소가 있는데 성곽 안에도 크고 작은 숙소들이 있어서 구시가지의 정취가 그대로 남아 있는 이곳에서 하룻밤을 묵는 것도 좋을 것 같다.

성곽을 북쪽으로 가로질러 북문(Gates of Gaviarra)을 지나면 좌측으로 채 100m도 못 가서 국경 다리(International Bridge)에 다다르게 된다. 다리의 양쪽 끝에는 거의 형식적으로 보이는 관청 비슷한 건물이 있지만 실제로 그 역할을 하는 것처럼 보이지는 않았다. 하기야 유럽연합(EU) 국가 안에서의 이동은 어디나 자유롭기는 하지만.

미뉴강 위에 놓여 있는 철재로 만들어진 아름다운 국경 다리는 프랑스의 에펠탑을 건축한 구스타프 에펠(Gustave Eiffel)의 동료인 펠라요 만체보(Pelayo Mancebo)가 1884년에 건축한 것으로, 위로는 기차가 다니는 선로가 설치되어 있고 아래로는 자동차용 도로와 함께 인도가 있는 2층 구조의 다리다. 도로와 인도 사이는 높은 철제 벽으로 구분되어 있으며, 이 철제 벽 위에 선로가 놓여 있다. 양 도시에서 바라보는 이 다리 자체도 아름답지만, 다리 위에 서서 양쪽 도시를 보는 것도 아름답다. 다리 양안에는 지금부터 포르투갈, 스페인이라는 양쪽 국가 표시가 되어 있는 표지판이 서 있어서 많은 이들이 이곳에서 국경을 통과하는 기념

아름다운 국경 다리

사진을 찍는다.

발렌샤에서 볼 때 미뉴강 너머 언덕 위에 높이 솟아 있는 아름다운 성처럼 보이는 건물은 투이 대성당(Catedral de Santa Maria de Tui)이다. 멀리서 보기에도 언덕 위에 높이 솟은 건물이니 그곳까지 가는 길이 생각만큼 가깝지는 않지만, 이곳에서부터 스페인의 고도(古都)를 걷기 시작한다는 흥미로움이 더 앞서는 걸음이다. 대부분의 순례자는 발렌샤와 투이 중 한 곳에서 하룻밤을 머물기 때문에 대성당 인근에는 정말 많은 숙소와 카페가 있고, 그리고 수많은 순례자를 볼 수 있다.

투이 대성당은 1120년에 시작해서 100년 이상의 기간이 걸려 만들어진, 고딕 양식이 가미된 로마네스크 양식의 건축물이다. 정확히 언제 완공되었는지는 알 수 없지만 1225년까지도 채 완성되지 못했다는 기록이 있다. 그만큼 역사가 깊은 곳이니만큼 대성당에는 박물관과 전시실,

북문(위), 국경 다리를 건너기 전의 포르투갈 표시(가운데), 스페인에서 본 포르투갈 국경도시 발렌샤와 국경 다리(아래)

다리 위에서 본 스페인의 국경도시 투이(위), 국경다리를 건너 스페인 표시(아래)

정원 등 볼거리가 많다. 특히, 내부의 회랑은 갈리시아 지방의 성당 건물 중에서 유일하게 전체가 보존된 중세 회랑이다. 신자가 아니라도 한 번쯤 들어가 볼만한 곳이다.

투이 대성당이 있는 언덕 위는 돌로 된 오래된 건축물들과 좁고 경사가 급한, 역시 반들반들하게 닳은 돌로 만들어진 골목길이 인상적인 중

투이 대성당(위), 성당 내부(아래)

세풍의 도시다. 이 골목길을 따라서 내려가면 거의 모든 편의시설이 갖추어져 있는 신시가지가 바로 나타난다. 처음에는 구시가지를 통과하면서 투이 대성당을 보는 것으로 만족하고 발걸음을 재촉했다. 순례길을

투이 대성당의 회랑

시작할 때는 천천히, 느긋하게 한 장소에서 머물면서 많은 것을 보고 느끼고 싶었는데 언제부터인가 목적지에 도달하는 것이 목적이 되어버린 것은 아닐까? 그런 아쉬움에 두 번째 길에는 투이 대성당 부근에 머물면서 발렌샤와 투이를 마음껏 볼 수 있는 시간을 가졌다.

Camino Portuguese Central

발렌샤와 투이

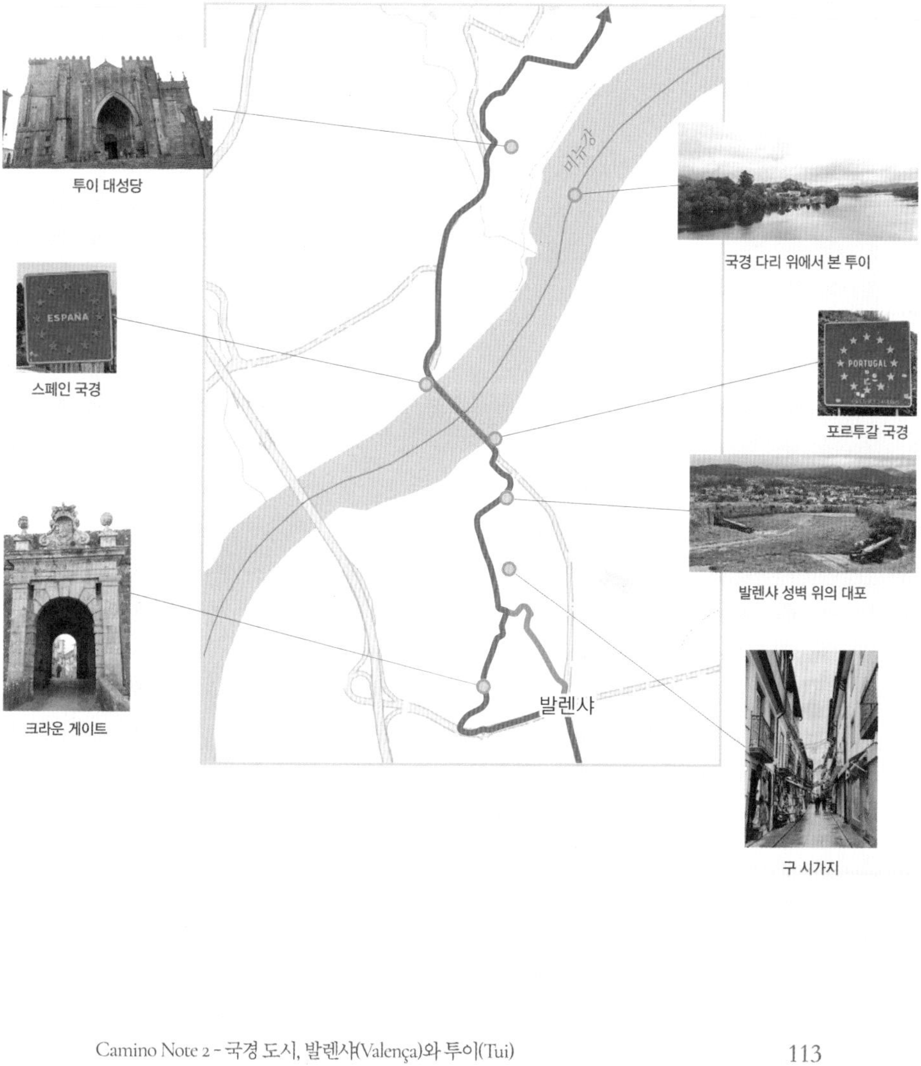

투이 대성당

국경 다리 위에서 본 투이

스페인 국경

포르투갈 국경

발렌샤 성벽 위의 대포

크라운 게이트

구 시가지

7

Camino Portuguese Central

발렌샤(Valença)에서 포리뇨(O Porriño)

공업단지를 따라 도로변을 걸어가는 길과 로우로강을 따라 걷는 길의 갈림길

산텔모의 돌 십자가

투이 대성당 회랑

국경 다리

성벽 남문 입구

성벽 북문

발렌샤(Valença)에서 포리뇨(O Porriño)

7

21.8km

처음으로 경험한 전형적인 알베르게인 티토니오(S. Teotonio)에서의 밤은 다소 힘들었다. 어제 도착한 시간이 다른 사람들보다 늦었는지 다른 선택의 여지 없이 하나 남은 1층 침대를 사용해야 했는데, 하필 화장실과 샤워실 입구여서 밤새도록 사람들이 들락거렸다. 그래서 마지막까지 아무도 차지하지 않고 남아있었나 보다. 그런 위치이다 보니 내 짐은 가능한 침대 밑에 깊숙이 넣어서 통행에 방해가 되지 않도록 해야 했고 움직임의 동선도 딱 1인용 침대인 내 영역 안에서만 해야 했다.

알베르게에서는 새벽 4시경부터 사람들이 일어나서 짐을 싸기 시작한다. 컴컴한 어둠 속에서 자신의 핸드폰 불빛만으로 짐을 싸서 일찍 출발하는 사람들이 많았다. 아무도 소리를 내지 않고 묵묵히 움직이지만 움직임 자체가 하나의 진동으로 전파되어 자연히 눈을 뜰 수밖에 없다. 그래서 나도 일찌감치 짐을 챙기려니 더욱 잦아진 사람들의 통행으로 모두 침대 위에 올려놓고 불편한 상태로 챙길 수밖에 없어서 오늘도 알베르게에서 묵게 된다면 꼭 더 일찍 도착해야겠다는 생각이 절로 들었다.

그런데 포르투에서 사 들고 온 침낭을 이곳에서 처음으로 사용해보았는데, 어젯밤 주머니에서 빼내어 사용하는 것은 전혀 문제가 되지 않았지만 원래대로 접어서 넣으려니 좀체 들어가지를 않는다. 포르투의 데카트론에서 펼쳐보고 그때도 넣기가 힘들어서 점원에게 부탁했었는데 점원도 땀을 흘려가면서 겨우겨우 넣는 것을 봤다. 그리고 출발하기 전에 연습도 해봤지만 역시나 마찬가지로 제대로 들어가지 않아 다시는 사용하고 싶지 않을 정도로 힘이 들었다. 침낭을 주머니에 집어넣는 데만 10분 이상이 걸린 것 같다. 어쨌든 겨우겨우 짐을 싸고 어제저녁에 야고보 씨와 마트에서 공동으로 사 온 빵과 채소를 같이 먹고 7시경 출발했다.

알베르게 티토니오(S. Teotonio)는 성곽 입구에 있어서 화살표는 성벽으로 들어가는 입구의 문을 통과해 다시 남문으로 들어가서 성채 안의 통로를 따라 북문으로 나가게 되어 있다. 화살표는 성벽을 따라서 걷게 되어 있지만 내부로 들어가서 구시가지를 둘러볼 수도 있다.

우리는 발렌샤에서 출발하여 성곽을 따라 느긋하게 걷고, 투이의 대성당을 둘러보고 그 앞에서 차 한 잔의 여유까지 가진 후, 8시 20분경에

산텔모의 입구. 오른쪽의 다리가 산텔모 다리(위). 산텔모의 돌 십자가(아래)

다음 목적지인 포리뇨로 출발했다. 대성당에서부터 화살표를 따라가면 금방 구시가지를 벗어나 미뉴강 방향으로 내려가게 되는데, 시가지를 벗어나는 지점에 세워진 양면으로 된 크루세이루가 인상적이다.

도로를 따라서 2.6km를 걸어가니 시원한 그늘이 있는 숲길이 나타났다. 신록이 푸르고 마치 공원의 입구 같은 이곳은 산텔모(San Telmo)로, 오래된 돌로 된 표지석과 돌 십자가가 서 있다. 산텔모는 투이의 수호성인이다. 이곳에서 한 순례자가 자기 키의 반은 되어 보이는 큰 배낭을 벗어두고 쉬고 있는 모습이 보인다. 그 옆으로 보이는 다리가 산텔모 다리다. 그리고 순례자가 쉬고 있는 옆에는 평범해 보이는 돌 십자가 옆에 조개랑 많은 기념물이 달린 조그마한 설치대와 함께 설명문이 붙어 있는 돌기둥이 있다. 이곳은 1251년, 산텔모가 산티아고까지 순례를 갔다가 돌아오는 길에 갑작스러운 열병에 걸려 사망한 곳으로, 순례자들은 이곳에서 성인에게 축복을 바라는 기도를 청한다. 이 돌 십자가는 '산텔모의 돌 십자가'라고 이름 붙여졌다.

산텔모의 기분 좋은 숲길이 끝나면서 이어지는 포도밭 사이로 난 길을 조금 걸으면 작은 마을이 나타난다. 마을 이름은 알 수 없지만, 리바델로우로(Ribadelouro) 인근인 것 같다. 마을의 삼거리에서 정면으로 보이는, 마당이 있는 바르, 폰테 다 페브레(Ponte das Febres)는 아마도 이 길에서 쉴 수 있는 마지막 휴식처가 될 것이다. 이미 많은 순례자가 이곳에서 쉬면서 세요를 찍고 있다. 마당 한쪽에는 이 지방 특유의 곡물 저장창고, 오레오(Hórreo)가 자신의 역할을 알리듯 옥수수 2개를 문 앞에 걸어두고 있다. 오레오는 이베리아반도 북서쪽의 전형적인 창고로, 쥐와 같은 설치류의 접근을 막기 위해 돌로 만든 기둥을 세우고 그 끝을 다시 턱을 만든 위에 돌이나 나무로 만들어 세운 것으로, 통기가 잘되도록 벽에 촘촘하게 구멍을 뚫어두고 있다. 이것이 전체적으로 볼 때는 공통적인

리바델로우로 인근의 바르 내부(위), 마당의 곡물창고 오레오(아래)

특징을 가지고 있지만 각 지방에 따라 조금씩 모양이 다르다. 그 지방만의 오레오의 특징을 보면서 걷는 것도 재미있다.

마을을 지나면 다시 아무것도 없는 도로를 따라서 1시간가량 걸어야 한다. 오늘 걷는 구간은 약간의 숲길과 마을 그리고 도로의 반복이다. 한 번씩 숲길이 나오지만, 다시 작열하는 태양 아래 끝없는 마을 길과 도로가 이어진다. 그나마 큰 도로 옆길이어서 아스팔트 위를 걷지 않는다는 점만 조금 낫다고 할까?

그런데 산텔모에서 3km 정도의 위치인 오르벤예(Orbenlle)에서는 공업단지를 따라서 도로변을 걸어가는 길과 로우로강(Rio Louro)을 따라 걷는 길의 두 갈래 길 중에서 선택해야 한다. 공업단지를 따라서 걷는 길은 로우로강 쪽 길보다 1.7km 더 짧긴 하지만 말 그대로 공업단지기 때문에 도중에 앉아서 쉴 카페는커녕 길가에 의자 하나 놓여 있지 않은, 지나가는 사람들은 없고 자동차만 달리는 황량한 도로를 따라 걸어야만 한다. 대신 강을 따라 걷는 길은 강변을 따라서 걷는 길이 아니라 강 옆의 마을과 포도밭 사이로 난 포장도로를 걷는 길이다. 양쪽 다 걸어본 바로는 좀 더 시간이 걸리더라도 로우로강 길을 걷는 편이 더 나은 것 같다. 공업단지를 따라서 걸으면 고색창연한 아름다운 도시인 포리뇨(O Porriño)의 중심 시가지를 관통하게 되고, 로우로강 길을 걸으면 시가지의 끝자락을 지나게 된다. 이 시가지의 끝자락에서 두 길은 만나게 되므로 포리뇨를 지나면서 보게 되는 광경도 다르다.

이곳에 이렇게 공업단지가 있는 것은 포리뇨가 비고(Vigo) 지역에서 경제적인 비중이 큰 공업 도시기 때문이다. 포리뇨의 주요 산업 중 하나는 화강암 생산으로, 이곳에서 생산되는 화강암을 'Rosa Porriño(Porriño Pink)'라고 하는데 비고 항구를 통해 주로 이탈리아와 일본, 중국 등으로 수출한다.

그런데 거듭 말하지만 로우로강 길은 강변을 따라서 걷는, 숲길이 이어지는 길은 아니다. 마을과 포도밭 사이의 시멘트 길이라고 해야 할까? 그런 길을 계속해서 걸어야 한다. 그래도 공업단지 길만큼 삭막하지는 않다.

야고보 씨는 먼저 가라고 해도 계속 보조를 맞추어준다. 그러다 보니 정말 꼭 쉬고 싶을 때, 도저히 쉬지 않으면 안 될 때 말고는 무리해서 걷게 되어 많이 힘들다. 결국, 혼자서 걸으면 다섯 번 쉴 거리를 두 번 쉬고 걷는 정도가 되니 온몸에 무리가 온다. 혼자 걸어서 좋은 점 중의 하나는 자기 몸 상태에 맞춰 자유롭게 걸을 수 있는 점이라 생각한다.

발렌사에서 포리뇨까지는 100m 이하의 평지를 걷는 구간이므로 길 자체가 험하지는 않다. 하지만 무더운 날씨에 끝없이 이어지는, 그늘도 없는 마을 길을 제대로 쉬지 못하고 걷는 것은 상당히 힘이 든다. 걷다가 발이 너무 아픈 데다가 벌에 물린 오른쪽 발바닥도 통증이 심해져서 다시 운동화는 배낭에 걸고 샌들로 바꿔 신고 걸었다. 산길이 아니라 도로 길이어서 샌들로도 걸을 수 있었지만, 그것도 한참 걸으니 발이 내 발이 아닌 것 같았다.

오늘의 목적지인 포리뇨의 초입부에 있는 알베르게, 포리뇨(Albergue de Peregrinos de O Porriño)에 들어갔다. 무더운 날씨에 나도 지쳤지만, 야고보 씨도 그랬던지 알베르게의 상태나 어떤 무언가를 생각할 여유가 없었다. 드디어 쉴 수 있는 곳에 들어왔다는 그 자체가 그저 좋았다. 들어가 보니 1박에 6유로로, 상당히 깔끔하고 좋은 곳이었다. 특히, 넓은 1층 거실의 두 벽면이 통유리로 되어 있어서 바깥의 로우로 강변이 정원 역할을 하고 있었다.

오늘은 도착이 빨랐는지 다른 순례자들이 많지 않아서 어제보다는 조금 나은 자리를 잡고 우선 쉬었다. 도착이 빨랐던 이유도 있지만, 여기를 통과해서 레돈델라(Redondela)까지 가는 사람들도 많이 있는 것도 한 이유가 될 것이다. 발렌사에서 레돈델라까지는 하루에 약 38km를 걸어야 하니까 그 절반인 이곳에서 쉬든지, 아니면 레돈델라까지 가든지 하는 것은 그날의 몸 상태에 따라 정하면 될 것이다.

조금 쉬고 나서 바깥으로 나가 보니 인근에 다른 알베르게도 많이 있었고 규모가 큰 슈퍼마켓도 있었다. 야고보 씨가 말한 것처럼 알베르게가 모여 있는 곳에는 대체로 큰 슈퍼마켓이 한두 군데 있어서 식자재를 사서 간단히 조리하기 편하게 되어 있는데, 가격도 싸서 종류대로 풍부하게 사더라도 5유로 내외기 때문에 상당히 경제적이다. 그리고 오늘처럼 공동 구매할 수 있는 사람이 있으면 식재료를 낭비 없이 사용할 수 있어서 좋다. 덕분에 그동안 다 못 먹고 버리는 게 아까워서 살 수 없었던 채소와 과일이랑 빵을 좀 더 풍족하게 살 수 있었다.

저녁을 먹고 난 후 양지바른 곳에 앉아서 오늘의 일정을 메모했다. 힘은 들었지만, 열심히 걷고 난 후 바깥의 풍경을 보면서 여유롭게 쉴 수 있는 행복한 시간이다.

알베르게 2일 차는 그래도 조금 적응이 되는 것 같다. 적당히 나만의 공간을 찾아서 나만의 시간을 가지는 요령이 생겼다는 것만으로도 많은 발전이다. 알베르게의 바깥 벤치에 앉아서 혼자 와인을 마시면서 메모를 하는 사람, 두세 명 무리 지어 이야기하는 사람들도 보였다. 다들 이렇게 나름의 시간을 즐기고 있다.

저녁을 먹으면서 야고보 씨와 내일 가게 될 레돈델라에 대해 이야기하던 중 지인이 추천해준 수녀님이 운영하시는 깨끗한 알베르게, 빠로끼알 산티아고 데 레돈델라(Parroquial Santiago de Redondela)를 알게 되었다. 내일은 그곳에 가야겠다.

8

Camino Portuguese Central

포리뇨(O Porriño)에서 레돈델라(Redondela)

레돈델라 입구의
순례자 형상

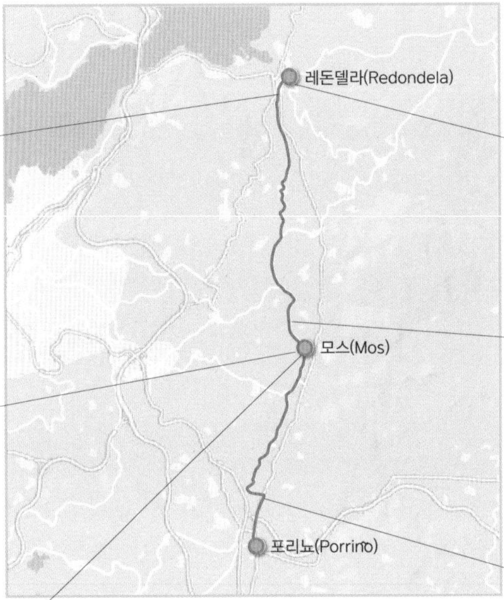

레돈델라 시가지

카발레이로스 십자가

보카미노

100km 표지석

산타 바르이아 성당

포리뇨(O Porriño)에서 레돈델라(Redondela)

8

16.1km

오늘 아침에는 조금 남아있는 베드버그 약과 소중히 여겼던 컵을 버렸다. 매일 짐을 꾸릴 때마다 버릴 것이 없는지 찾는 게 습관이 된 것 같다. 그러고 보면 정말 버릴 것이 거의 없을 정도로 짐을 단출하게 싼 것 같기는 하다. 야고보 씨에게는 함께 걸으니 내가 쉬고 싶은 만큼 자주 쉴 수 없어서 많이 힘들었다고 이야기하고 먼저 출발했다.

오늘은 걷기 좋은 날씨다. 스페인 시각으로 새벽 7시 15분에 출발했는데(스페인 시각은 포르투갈보다 1시간 느리다.) 1시경 레돈델라에 도착했다. 어제는 너무 뜨거운 햇볕 아래 걷는 것이 힘들었기에 오늘은 새벽에 출발하기를 잘했다고 생각했는데 종일 걷기 좋은 날씨에 중간에 경사가 급한 곳도 있었지만, 길도 수월하다.

100km 표지석

포리뇨에서 3.1km 위치에 있는 베이가다나(Veigadana)까지는 큰 도로 옆으로 나 있는 작은 포장도로를 따라서 걸어야 했지만, 철길과 로우라강(Rio Loura)을 건너면서부터는 농경지와 마을 외곽 길을 따라서 걷게 된다. 새싹이 돋아나고 있는 밭에 서 있는 허수아비는 우리네 그것과 흡사하여 절로 미소를 머금게 한다.

베이가다나에서 조금만 더 가면 100km 표지석을 볼 수 있다. 여기서부터 산티아고까지 100km가 남았다는 의미로, 이곳에서 시작하면 콤포스텔라(Compostela, 순례자 증명서)를 받을 수 있지만, 근처에는 크리덴셜을 받을 수 있는 곳이 없다. 그런데 표지석이 오래되었는지 글자 부분이 떨어져 나가고 손글씨로 적혀 있다. 스페인의 갈리시아 지방에서는 처음 만난 표지석인데다가 정확하게 100km인데 아쉽다.

이곳에서부터 모스(Mos)로 들어서는 지점이기는 하지만 모스의 중심지까지는 포도밭 사잇길과 산길, 그리고 반복되는 마을 길을 한참을 더 걸어가야 한다. 모스는 포리뇨에서 5.7km 위치에 있는데, 도착해 시간을 확인하니 8시 30분이었다.

모스의 중심부로 들어가면 진행 방향으로 고색창연한 성당이 보인다. 산타 바이아 성당(Igrexa de Santa Baia de Mos) 혹은 산타 울랄리아 성

모스의 산타 바이아 성당이 보이기 시작하는 삼거리(위), 산타 바이아 성당(가운데), 산타 바이아 성당 뒤편 삼거리와 '보카미노'(아래)

당(Iglesia de Santa Eulalia de Mos)이라고도 하는 이 성당은, 모스의 후작에 의해 16세기 후반에 지어진 고전주의 양식의 건축물로 성당 내부에는 장엄한 바로크 양식의 제단과 프레스코화가 있다고 하는데 들어가 보지는 못했다.

크지는 않지만, 매력적인 성당의 외관에 감탄하여 이끌리듯이 성당 쪽으로 다가가서 잠시 사진을 찍고 다시 걸어가는데 차를 타고 지나가던 젊은 여성이 "산티아고?"라고 묻더니 잘못 가고 있다면서 성당 옆의 샛길로 가라고 일부러 차에서 내려서 가르쳐준다. 그런데 성당 옆길에는 화살표가 없어서 망설이고 있으니 일부러 차에서 내려서 달려와 다른 순례자들이 쉬고 있는 성당 뒤에 있는 바르까지 같이 가주었다. 너무 친절함에 "그라시아스"를 반복하고 바르에 들어가 커피 한 잔(1유로)으로 휴식을 취했다. 이 길을 걸으면서 항상 느끼는 것이지만 마주치는 주민들이 모두 너무나 친절하다. 특히, 순례자 행색으로 걷고 있는 사람을 보면 누가 먼저라고 할 것 없이 인사를 건네고, 길을 잘못 들면 바로 가르쳐주고는 한다.

그런데 다음에 다시 이곳을 지나면서 확인해보니 성당이 보이는 갈림길에서 큰길이 아닌, 왼편으로 나 있는 약간 언덕으로 올라가는 길로 가라고 아주 확실하게 화살표가 가리키고 있었다. 아마도 그때는 넋을 놓고 걸었나 보다. 모스 성당 뒤, 정확하게는 성당의 옆이었지만, 삼거리에는 바르와 잡화점을 겸한 보카미노(Bo Camino)가 있었고, 성당과 잡화점 사이에는 1710년에서 1720년 사이에 세워진 갈리시아 양식의 저

택인 파조(Pazo), 마노르 하우스(Manor House)가 있는데, 19세기 초반까지 모스 후작이 살았던 곳이라고 한다.

한편, 보카미노는 길을 걷는 데 필요한 웬만한 물건들은 다 갖추고 있어서 대개 순례자들은 이곳에서 한숨 돌리고 필요한 물건들을 사기도 한다. 산티아고 길의 대부분 잡화점에서는 스틱에 끼우는 고무, 일명 '스틱 장화'를 판매하고 있다. 이 장화가 없으면 마을을 지날 때 스틱 소리가 너무 크게 울리므로 장화를 신겨서 소리가 나지 않도록 거의 모든 순례자의 스틱에는 고무장화가 신겨져 있다. 돌로 된 마을 길을 걷는 순례자들의 주민에 대한 배려다. 그리고 고무장화가 스틱이 돌 바닥에 닿는 충격을 흡수해주기 때문에 사용감도 훨씬 편안하다.

화살표는 파조와 보카미노 사이로 나 있는 언덕길을 향해 있는데 파조 앞의 크루세이루를 지나면서 길이 가팔라지기 시작한다. 이 지점에 알베르게가 있어서 나처럼 포리뇨에서 묵지 않고 투이에서 약 20km 지점인 이곳에서 묵는 사람들도 있다.

그런데 언덕길을 올라가는데 하늘도 그다지 흐리지 않은데 어디선가 대포 소리 같은 소리가 연이어 들린다. 천둥소리는 아닌 것 같은데 근처에 채석장이라도 있는 걸까? 판초를 아직 사지 못했는데 갑자기 비가 오면 어떻게 하나, 하는 걱정으로 삼거리로 서둘러 되돌아가는데 그저께 만났던 캐나다 여성, 데이비를 만났다. 서둘러 되돌아가는 나를 보고 반갑게 인사하면서 어디 가느냐고 묻는다. "레인코트 사러."라고 하고는 "See you." 인사하고 헤어졌는데 우리는 그 후로도 여러 차례 같은 길에서 다시 만나고, 같은 바르에서 쉬게 되었다.

보카미노로 다시 돌아가 보니 역시 판초가 걸려 있었다. 정확한 발음을 모르니 "레인코트"를 찾는다고 하고 점원을 데리고 밖에 나와 물건을 가리키니 "아, 판초!"란다. 발음이 달라서 정확하게 전달이 안 될 때는 역시 보디랭귀지가 최고다. 점원이 입어 봐도 된다면서 친절하게 직접 입혀 주는 것 중 하나를 골라 12유로에 샀다. 일종의 보험 같은 것이라고 할까. 비가 안 오더라도 이제는 비 걱정 안 하고 다녀도 된다는 생각에 안심이 된다. 비 좀 맞는다고 무슨 일 생기는 것도 아닌데 소심한 성격이 여기서도 나타난다.

그런데 한국에도 비옷이야 많지만, 아무래도 이 길을 걸을 때는 이 길에 딱 맞는 비옷이 있을 것이라고 생각해서 일부러 출발지인 포르투에서 사려고 했는데, 순례길에 필요한 모든 것이 있다고 한 데카트론에서도 적당한 비옷을 찾지 못했다. 그래서 가는 곳마다 가게에 비옷이 걸려 있는지 살펴보았지만, 이날까지 못 사고 있었다.

모스부터는 갑자기 경사가 급해지는데, 삼거리를 지나 5분 정도 올라가면 순례자의 등산화가 앞에 놓여 있는 조그마한 돌 십자가가 서 있다. '카발레이로스 십자가(Cruceiro Os Cabaleiros)'라는 이름으로 1733년에 세워진 것이라고 한다. 카미노 안내서에 소개되어 있어서인지 여기에서 다들 사진을 찍고 지나간다. 안내서에도 그 이상의 설명은 없었지만, 길을 가다가 보면 이렇게 십자가가 있고 그 아래에 사진이나 티셔츠 등이 놓여 있는 것을 쉽게 볼 수 있는데, 순례길을 걷는 기념인지 아니면 누군가의 넋을 기리는 것인지 알 수 없지만, 부디 전자의 의미이기를 바라면서 나도 사진에 담아보았다. 십자가 옆 표지석에는 산티아고까지

1733년에 세워진 카발레이로스 십자가(위), 알토의 공원 같은 숲길(아래)

96km 남았다고 되어 있다.

모스에서 3.2km 지점인 알토(Alto)는 오늘 구간에서는 가장 높은 곳이지만, 해발 250m로 산이라기보다는 언덕에 가까운 곳이다. 계속 숲길을 따라서 올라가니 힘들지 않고 기분 좋은 길이 이어진다. 그리고 여기를 지나면 다시 비교적 평탄한 마을 길을 걸어가게 된다.

산 위에서 내려다보이는 레돈델라. 멀리 비고만(Ria de Vigo)이 보인다.

마을은 거의 과수 지대로, 여기도 올리브보다는 포도나무가 많이 보인다. 그리고 포도나무의 지지대는 모두 사각형으로 잘 다듬어진 돌기둥이다. 한국과는 달리 건축 재료도, 도로도, 그리고 심지어는 밭의 울타리와 나무의 지지대마저도 전부 잘 다듬어진 돌로 만들어져 있을 만큼 이 일대에는 다듬기 편하면서 내구성이 강한 돌이 많다. 마을을 벗어나면 다시 약간의 오르막 산길이지만 거의 평탄한 길이므로 수월하게 걸을 수 있다. 이렇게 기분 좋은 산길을 바르를 겸하고 있는 알베르게 코리스코(O Corisco)가 나타날 때까지 걸어가면 그때부터는 계속해서 내리막길이다. 내리막길이 시작되는 지점에 서면 저멀리 드디어 레돈델라가 내려다보인다. 레돈델라는 비고만(Ria de Vigo)에 면해 있는 크고 예쁜 마을이다. 그리고 마을 입구에는 순례자 형상의 포토존이 있어 모두 그

——— 레돈델라 입구의 순례자 형상 조형물

곳에서 사진을 찍는다. 마침 그곳에서 다시 만난 데이비와 서로 사진 찍어주기를 하고, 모두가 하는 것처럼 그곳의 의자에 앉아서 잠시 쉰 후 같이 레돈델라 시내로 걸어 들어갔다.

수녀님이 운영하신다는 알베르게, 빠로끼알 데 산티아고 레돈델라(Parroquial Santiago de Redondela)까지는 상당히 마을 깊숙이 들어가야 했다. 데이비가 예약한 숙소도 내가 가고자 했던 알베르게와 같은 방향이어서 그곳까지 같이 걸었다. 대개의 알베르게는 카미노 길의 방향을 따라서 이어져 있으므로 따로 약속하지 않더라도 분명히 내일 다시 만나게 될 것이다.

알베르게의 체크인 시간이 아직 안 되었는지 포리뇨부터 앞서거니 뒤서거니 했던, 다리가 약간 불편해 보이는 젊은 커플이 먼저 도착해서 기다리고 있었다. 봉사자처럼 보이는 할아버지가 안내하고 계셨는데 전혀 말이 통하지 않았지만 기다리면 된다는 것 같아 안에서 기다렸다. 조금 있으니 수녀님이 오셔서 체크인하고 있는데 야고보 씨가 들어오면서 반갑게 인사한다. 자신은 11시에 와서 먼저 수속하고 수녀님과 미사를 드리고 왔단다. 역시 걸음이 빠르다. 이렇게 따로 걸으니 그렇게 날듯이 걸어서 먼저 도착하는 것을.

그런데 이곳의 성당에는 11시 미사밖에 없다고 하여 배낭만 침대 옆에 내려두고 성당과 마을을 둘러보기 위해 나오는데 걸으면서 보았던 사람들이 속속 알베르게로 들어오고 있었다. 그중에서 짐을 미리 부친 듯 가벼운 차림의 두 아들과 부모로 보이는 네 사람도 있었다. 모스에서부터 눈에 띄어서 뒤에서 몰래 사진도 찍었던 그룹이었다. '배낭을 동키로 부치면 왜 안 되는데? 저렇게 함께 걷는다는 것만 해도 충분히 의미가 있잖아.'라면서 혼자 생각하게 했던 팀이다. 실은 배낭을 부치는 나를 보고서는 야고보 씨가 했던 비난조의 말이 나름대로 신경이 쓰였던 것이다. 그런데 다니면서 보니 가벼운 배낭 차림의 순례자도 많이 보인다. 국내에 시판된 여러 책과 인터넷 블로그 등에서 상당히 비판적으로 말하는 동키 택배 시스템, 그리고 반드시 알베르게에서 자야만 할 것 같은 글들, 다시금 순례의 의미를 고민하게 만드는 부분이다. 체력이 된다면 배낭을 메고 걷는 것이 숙소를 정하는 데도 도움이 되고 여러모로 더 큰 의미를 느끼기도 하겠지만, 결국 나름대로 의미를 지니고 걷는 그 자체가 중요한 게 아닐까?

알베르게 바로 앞에 있는 성당에 가보니 미사를 마치고 나온 사람들 십여 명이 서서 이야기하고 있는데 성당 문은 닫혀 있었다. 프랑스 길은 그렇지 않은 모양이던데 포르투 길에서 매일 미사에 참례하는 것은 쉽지 않다. 그런데 성당은 사진을 찍으려니 다른 집들에 둘러싸여 있어서 어떻게 해도 한 컷에 담을 수가 없었다.

늦은 점심을 먹으려고 나가 보니 일요일이지만 영업하는 곳이 꽤 있

가벼운 배낭 차림의 순례자들

다. 그래도 익숙한 맛인 스파게티를 시켰는데 면발이 다르다. 이곳은 채소나 면이나 무엇이든 푹 삶아 먹는다. 맛은 그다지 입에 맞지 않았지만, 인테리어가 예쁜 가게다. 그렇게 성당에 들렀다가 점심 먹고 숙소에 들어갔는데 피곤했는지 한 시간 정도 잤던 것 같다.

순례길은 대개가 마을을 스쳐 지나가기 때문에 이른 시간에 도착한 이 마을을 둘러보고 싶었다. 'Ría de Vigo', 비고 하구(河口)란 뜻으로, 레돈델라는 하구를 통해 대서양과 면해있는 만(灣)이 깊은 도시다. 이 하구를 통해 강물이 대서양으로 흘러 들어간다.

바닷가 마을의 어촌 풍경을 볼 수 있으리라 기대했지만, 하구에서 보는 풍경만으로 주민들의 생계가 어업일지는 잘 모르겠다. 하구 깊숙한 곳까지 풍랑을 막기 위한 방파제가 만들어져 있는 모습이 인상적이다.

비고 하구. 하구 깊숙한 곳까지 풍랑을 막기 위한 방파제가 만들어져 있는 모습이 인상적이다.

한때는 하구 깊숙이까지 배가 들어왔을 것 같은 조형물들이 있지만, 그 조형물들 둘레는 녹조와 이끼로 악취가 날 정도고, 어쩌다 보이는 작은 선박은 몇 년이나 방치되었는지 녹조가 휘감고 있다. 하구 연안의 오래된 주택들은 저지대에는 예쁜 꽃을 장식하고 사람 사는 냄새가 풍기는데 조금이라도 높은 곳은 올라가는 계단에 풀이 무성하다.

그런데 강변을 따라 길게 조성된 데크를 따라 산책하는 사람들이 많다. 일요일 저녁인데 관광객도 많다. 바닷가로서는 그다지 매력 있는 곳이 아닌데 관광객이 많은 이유가 뭘까, 궁금해서 찾아보았더니 레돈델라는 19세기에 건설된 두 개의 주요 철도 육교가 랜드마크라고 한다. 하늘에 떠 있는 철도가 이색적인 곳이라고 하는데 지금 봐서는 그다지 특이한 것도 없지만 당시에는 아마도 명물이었던가 보다.

데이비도 미리 숙소를 예약했다고 하고, 이곳에서도 수녀님이 예약했

레돈델라의 시가지 모습과 교각 위로 높게 놓여 있는 철로

느냐고 먼저 물으셨던 것을 생각하니 아무래도 예약을 하는 편이 나을 것 같아 다음 도착지가 될 폰테베드라(Pontevedra)의 숙소를 검색해 예약했다. 물론 수녀님께서는 예약 안 했어도 괜찮다고 하셔서 이곳에서 묵을 수 있었지만, 그래도 안심하고 가는 편이 좋을 것 같았다. 그리고 이번에는 1인실이 있는 곳을 우선적으로 찾았다.

9

Camino Portuguese Central

레돈델라(Redondela)에서 폰테베드라(Pontevedra)

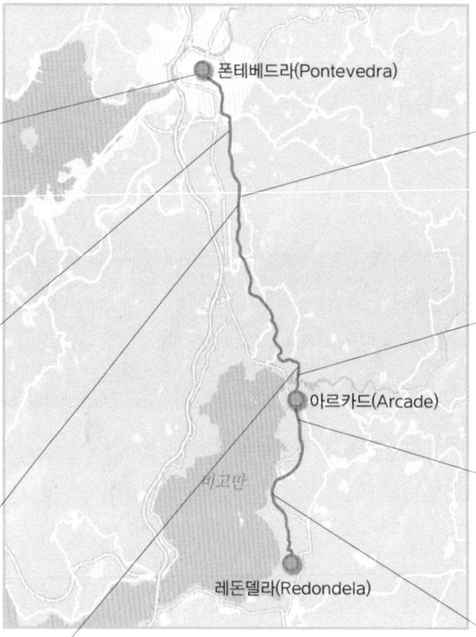

순례자 성당

도스 가포스강을 따라 걷는 길

성마르타 경당

산길 정상부의 이동식 바르

강을 따라 걷는 길과 마을
길의 양 갈랫길 표시

삼파이오 다리

아르카드의 빨래터

비고만을 보면서 걷는 산길

레돈델라(Redondela)에서 폰테베드라(Pontevedra)

9

20.2km

오늘 일정은 산이라기보다는 언덕에 가까운 롬바르산(Alto da Lomba, 153m)과 카니쿠바르산(Alto da Canicouva, 145m)을 올라갔다가 내려가는 약간의 굴곡이 있는 구간이다. 새벽에 일어나서 또다시 침낭과 씨름하고 있는데 멀찍이서 보던 야고보 씨가 자기도 영상에서 봤던 거라며 그렇게 곱게 접어서 넣으려면 힘들다고, 무조건 그대로 막 쑤셔서 넣는 게 제일 쉽다고 한다. 그대로 해보았더니 정말 쉽게 들어갔다. 역시 경험자의 조언은 피가 되고 살이 된다.

전날 저녁에 사두었던 빵으로 간단하게 식사하고 아침 7시경 출발했다. 야고보 씨와는 출발은 같이하되 서로의 속도를 생각해서 각자에게 맞게 걷자고 하고 걸으면서 헤어졌지만 어딘가의 휴식처에서 다시 만

마을 길에서 만나는 익살스러운 안내자

나게 될 것이다.

알베르게의 바로 뒤편으로 나 있는 화살표를 따라서 레돈델라 시내를 벗어나 약 3.1km 지점까지는 마을 길과 도로변을 번갈아 걷는 길이다. 좁은 인도와 빠르게 달리는 차량으로 길을 걸을 때 상당히 조심해야 하는 구간이기도 하지만 마을 길에서는 익살스러운 안내자를 만나기도 한다. 다양한 모습의 화살표를 보면서 주민들의 유머 섞인 배려를 느낀다.

마을 길에서 벗어나면서부터 약 2km 구간을 약간의 경사가 있는 산길을 따라 걷다가 다시 약 2km 구간은 도로를 따라 걸어야 한다. 그런데 레돈델라 시내를 벗어나 산길로 접어드는데 갑자기 비가 쏟아졌다. 어제 모스에서 판초를 살 수 있어서 정말 다행이었다. 다행히 비는 약 30분 정도로 그쳤다. 그런데 산길로 접어들고 얼마 되지 않은 곳에 가정집 담벼락에 줄을 쳐 놓고 조가비를 잔뜩 매달아 놓은 것이 보였다. 특별한 의

담벼락의 조가비 더미(위), 비고만을 보면서 걷는 산길(아래)

미가 있는 것 같지는 않지만 다른 곳에서는 볼 수 없는 색다른 광경이다.

산길은 왼편 산 아래로 저 멀리 비고만을 보면서 걸어가는 기분 좋은 길이다. 산길을 다 내려오고부터는 자동차가 달리는 도로를 약 2km 걸어야 하는데, 그래도 사이사이 마을 길을 통과하는 구간이 있어서 앙증맞게 만들어진 순례자 장식을 발견하기도 한다.

아르카드(Arcade)의 시가지에서부터는 다시 도로를 벗어나서 산길과 마을 길을 따라서 걷기 시작하는데 내리막길이 거의 끝나는 지점에 깨끗하게 잘 조성된 빨래터와 음수대가 나온다. 지금까지 조그마한 그리고 오래된 빨래터로 추정되는 곳들은 수없이 지나갔지만, 옛날 사진과 함께 빨래터에 대한 기능을 설명하고 있는 안내판이 있는 곳은 이곳이 처음인 것 같다. 안내판에는 빨래터의 역할과 기능에 관해 설명하고 있는데 갈리시아 지방의 전통적인 사회적 구조물 중 하나로, 흐르는 물을 사용해 빨래하는 높은 효율성과 여성들의 만남의 공간으로서 역할 등에 관한 이야기가 적혀 있다. 바로 옆에 있는 음수대도 새로 정비한 듯 정결하다.

빨래터를 지나서 마을 안길을 따라 걷다가 보면 다시 커다란 곡물창고, 오레오의 바로 옆을 지나면서 오레오의 구조를 자세하게 볼 수 있다. 공기의 흐름이 제대로 되도록 한 것이나 지상에서 떨어져 있어 직접 지열이나 습기를 받지 않도록 한 점에서 곡물을 저장하거나 건조하는데 아주 좋은 건조물인 것 같다. 이러한 저장창고는 농가뿐만 아니라 도시의 주택가에서도 쉽게 볼 수 있는데, 도시화로 생활양식이 변화하더라도 예전부터 사용했던 시설물을 그대로 보존하면서 사용하고 있음에 신·구의 적절한 조화를 찾아볼 수 있는 광경이다.

베르듀고강(Rio Verdugo)이 가까워지니 경치가 더 아름다워진다. 지금까지 참 많은 강과 다리를 지나왔고 그중에는 역사적인 의미가 큰 다리도, 아름다운 다리도 있었지만, 특히 베르듀고강 위에 세워진 삼파이오 다리(Ponte Sampaio)는 10개의 아케이드가 있는 긴 다리로, 이 길에서

아르카드의 빨래터(위), 빨래터의 기능과 역할에 대한 안내문(아래 왼쪽), 음수대(아래 오른쪽)

보는 다리 중 으뜸이라고 생각한다.

로마 시대에 건설되었지만, 중세에 재건되어 현재의 아름다운 모습으로 자리를 지키고 있는 이 다리는 1809년 6월 7일에서 9일 사이에 갈리시아 지방에서 일어난 폰테 삼파이오 전투가 있었던 곳이다. 폰테 삼파

아름다운 삼파이오 다리와 다리 입구에 설치된 전투 관련 기록문

이오 전투는 나폴레옹 군대의 진격을 막아내기 위한 민병대와의 전투로, 이곳에서의 승리로 마드리드를 제외한 폰테베드라지방 전체가 사실상 프랑스군에게서 해방되었다. 스페인과 포르투갈의 역사는 로마제국의 영향을 비롯해 영국과 프랑스와의 국제관계, 그리고 무굴제국의 침략과 독립운동 등 인접 국가들과 복잡하게 얽히고설켜 있을 뿐만 아니라 자국 내에서의 정치적인 변화과정까지 더해져서 간략하게 요약하기가 쉽지 않다. 여하튼 그런 과정 가운데 하나로 나폴레옹의 침공이 있었고, 이에 대항하여 격렬한 전투가 벌어졌던 곳이라는 점만 기억하자.

그런데 지나가면서 보니 관광객처럼 보이는 아시아 여성 두 명이 참 적극적으로 서로 사진을 찍어주고 있다. '이런 곳까지 관광을 오나?' 하고 생각하면서 스쳐 지나가는데 "저 여자가 사진에 들어갔잖아, 다시 찍어줘."라고 정확한 한국말로 큰소리로 불평하는 소리가 들렸다. 그 사진에 함께 들어간 여자가 나인지 다른 사람인지는 알 수 없지만 모처럼 만난 한국 사람, 모처럼 들린 한국말치고는 그다지 반갑지 않다. 이 아름다운 다리에서 수많은 순례자가 지나가는 시간에 다른 사람들이 알아듣지 못한다고 그렇게 큰소리로 불평해야 할까? 이런 말들에 신경 쓰는 내가 속이 좁은지도 모르겠다.

삼파이오 다리 건너편의 카페 로마나(Cafe a Romana)는 강과 다리의 아름다운 풍경을 조망할 수 있는 멋진 곳에 있어 발걸음을 재촉하기보다는 약간의 여유와 호사를 누릴 가치가 있는 곳이다. 아쉽게도 나는 그 호사를 누리지 못하고 지나쳐갔지만, 그래도 강을 건너서 폰테 노바(Ponte Nova)로 이어지는 마을 길은 집마다 아름다운 꽃으로 장식되어 있어서 오르막길임에도 불구하고 그 아름다움에 취할 수 있는 길이었다.

마을 길을 따라서 걷다가 보면 돌로 만든 오래된 조가비 표시를 만나기도 하고 익살맞고 장난스런 표지판들도 만난다. 이런 것들을 보는 것도 또 다른 묘미인 것 같다.

다시 비가 조금씩 흩뿌리는 가운데 골목길이 끝나면서 포도밭 사잇길과 산길로 접어들었다. 산길은 폰테 노바에서 폰테 피구리도(Fonte Figuerrido)까지 3.6km 정도 이어진다. 오락가락하던 비가 어느 정도 그치고 난 후 11시 10분에 도착한 산길 정상(정상이라고 해도 135m 높이의 낮은 언덕 정도의 높이지만)에 만들어진 천막 바르에서 커피를 마시면서 잠시 쉬었다. 이곳은 천막 바르치고는 비교적 규모가 큰 편으로, 음료수뿐만 아니

마을 길에서 만나는 오래된 조가비 표석(위), 익살스러운 표지판(아래)

라 다양한 기념품들도 갖추고 있다. 이 길에는 바르에서도 호텔에서도 성당에서도 심지어 이렇게 산속 포장마차에서도 세요를 받을 수 있다. 어차피 아무리 많이 받아도 실제로 그 길을 걸었는지 확인하기 위한 것

산길 정상부의 이동식 바르

이기 때문에 한 동네에서 호텔과 성당 모두 찍을 필요는 없지만, 실제로 내가 이곳을 지나간 기념으로 찍을 수 있는 곳에서는 다 찍고 싶다. 그런 심정은 다른 사람들도 마찬가지인 것 같다. 모두 커피 한 잔, 과자 하나 사고는 세요를 찍는다.

그런데 여기에 캐런과 데이비, 그들이 앉아 있었다. 세 사람 모두 반갑게 인사를 나누고 자연스럽게 앞서거니 뒤서거니 하면서 같이 걸었다. 나중에 사진을 보니 그전에도 몇 차례 이 두 사람과 스쳐 지나갔는데 이때 처음으로 정식으로 서로 인사를 나누게 되었다.

산길을 내려오는 거의 끝 지점에서 왼쪽 산 너머로 채석장이 보인다. 이렇게 해서 캐낸 돌들로 집도, 창고도, 다리도, 심지어는 포도나무 지지대도 전부 돌로 만드는가 보다. 폰테 피구리도로 들어가는 길목에 포도나무가 많다. 이곳의 포도나무는 한국과 비교해서 키가 작다. 포도 껍질도 더 두껍고 와인 만들기에 적합하다고 한다. 이렇게 기후와 지형에 따라 같은 작물이라도 다른 성분과 맛을 가지게 되는 것이 자연의 오묘함이다.

산티아고 순례길을 걷는 사람들은 종교적인 신앙심으로 걷는 사람들도 많지만 나름대로 무언가에 대해 생각하기 위해서 걷는 경우가 많다. 그러기에 걸으면서 간단하게 인사 정도는 나누더라도 많은 대화를 나누면서 걷지는 않는 것 같다. 그날의 목적지에 도착해서 휴식을 취하는 시간마저도 대화를 나누는 시간은 저녁 식사 전후로, 다른 나머지 시간은 자신만의 세계에서 자신만의 과제를 수행하고 있다.

데이비는 발과 어깨에 약간 이상이 있는 듯했다. 그래서 항상 천천히 걷는다. 그리고 큰 배낭은 부치고 작은 배낭만을 메고 다닌다. 걸은 날수가 늘어나면서 피곤했는지 오늘은 택시를 타야겠다고 계속 그러더니 다음 바르에서 한참을 쉰 후 택시를 불러서 예약한 호텔로 먼저 갔다.

데이비를 보내고 캐런과 같이 걸어가는데 얼마 가지 않아 벽면에 앉아서 쉴 수 있는 돌의자가 있는 성마르타 경당(Capela de Santa Marta)이 보인다. 신약성경 속의 성녀 마르타는 활동하고 봉사하는 그리스도인의 상징이다. 언뜻 스쳐 지나가 버릴 수도 있을 것 같은 이 돌로 만들어진 경당은 바로크와 신고전주의 양식 사이의 과도기적 작품으로, 1617년에 지어진 오래된 건물이다. 경당 내의 제단에는 예수 그리스도를 중심으로 성녀 마르타와 성모 마리아상이 좌우에 안치되어 있다. 경당 안에서 세요를 찍을 수 있으며, 많은 이들이 이 작고 고요한 경당 안에서 기도하거나 경당 앞 돌의자에 앉아서 한숨 돌리기도 한다. 그리고 경당 맞은편의 크루세이루에는 이 경당의 상징인 성녀 마르타가 새겨져 있다.

성마르타 경당을 지나서 약 300m 정도 걸어가니 화살표가 두 갈래로 나뉘는 길이 나타났다. 캐런이 가지고 있는 책을 보니 하나는 토메자강(Rio Tomeza), 정확하게는 토메즈에 있는 도스 가포스강(Rio Dos Gafos)을 따라서 걷는 길이고, 또 하나는 강변길이 아닌 조금 더 시간이 단축되는 길이다. 가포스강은 우리가 걷고 있는 길을 따라 북서쪽으로 흘러 큰 강인 레레즈강(Rio Lérez)으로 합류해서 대서양으로 흘러 들어간다. 대부분 순례자처럼 우리도 강을 따라 걷는 길을 선택했는데, 이 곳은 자연 학습장으로도 사용되는 생태 보존 구역으로, 경치도 너무 좋을 뿐 아니라 걷기에도 좋은 잘 정비된 아름다운 길이었다. 이런 아름다운 길이 약 3km 정도 이어진다.

성마르타 경당(위), 성마르타 경당 내부(가운데), 성마르타 경당 앞 크루세이루(아래)

도스 가포스강을 따라 걷는 길과 마을 길을 따라 걷는 길의 양 갈래 길 표시(위), 도스 가포스강을 따라서 걷는 아름다운 생태 환경길. 이런 아름다운 길이 약 3km 정도 이어진다. 제일 뒤, 큰 배낭을 메고 걷는 사람이 캐런이다(가운데, 아래).

강을 따라서 걷는 길은 폰테베드라 시내로 바로 이어져 있다. 경로를 보니 캐런과 데이비가 묵는 호텔은 폰테베드라 초입, 기차역 인근에 있고 내가 예약한 호텔 코메르시오(City Express Comercio)는 그 앞을 지나서 시내를 한참을 걸어야 했다. 오후 3시 40분경 호텔에 도착하니 녹초가 되어버렸다. 하지만 프런트에서 받은 지도를 보니 호텔 바로 옆에 순례자 성당이 있고, 내일 출발할 카미노 길도 바로 근처를 지나고 있었다. 위치 선택이 좋았다. 캐런과 데이비도 내일 아침에는 이 근처까지 걸어와야 할 것이다. 오늘은 점심이랑 쉬는 시간 합해서 1시간 정도 휴식하고 약 7시간 반을 걸었다.

폰테베드라는 폰테베드라주의 중심도시로, 상당히 규모가 큰 도시다. 세요를 받은 순례자 성당(Igrexa da Virxe Peregrina)은 영문 표기로는 'Sanctuary of the Virgin of the Shelter and the Divine Pilgrim'이라는 긴 이름의 성당으로, 특이하게 두 개의 종탑을 가진 원기둥 형태의 고딕 양식 건축으로 17세기에 세워졌다고 한다. 순례자 성당 옆에는 1281년에 세워진 성 프란시스코 수도원이 있고, 그 주변은 광장과 번화한 시가지가 조성되어 있다.

스페인과 포르투갈의 성당이나 마을 곳곳을 보면 성모 신심이 강한 것 같다. 심지어 가정집에도 높은 기둥 위의 십자가 크루세이루에 한쪽은 성모 마리아를, 다른 한쪽은 예수 그리스도를 조각해놓은 것을 쉽게 볼 수 있다. 우리나라에서 예수의 형상은 가시관을 쓰고 십자가에 매달려 있음에도 인자하고 온화한 표정이며, 성모 마리아는 자애롭고 아름

순례자 성당(왼쪽), 순례자 성당의 성모상(오른쪽)

답다. 하지만 이곳의 많은 성당 안에는 우리와 같은 예수상과 성모상도 있지만, 유리관 속에 온몸에 피가 흐르고 손과 발의 못 자국뿐만 아니라 무릎도 피부가 다 벗겨진 피투성이의, 고통에 힘겨워하는 예수의 형상이 모셔져 있다. 그리고 제단 뒤의 십자가도 역시 가시관을 쓰고 십자가에 못 박혀 힘겨워하는 모습이며, 성모 마리아의 형상 역시 너무도 애통함에 가슴이 찢어질 것 같은 모습을 담고 있다. 순례자 성당 바로 옆에 있는 폰테베드라 성 프란치스코 수도원 성당의 성모상은 검은 상복에 예수의 가시관을 들고 금방이라도 눈물이 쏟아질 것 같은 표정이다.

순례자 성당에서 세요를 받고 저녁 7시 반에 미사를 드리러 다시 갔는데 한국인 단체가 있었다. 그들 중에서 한 명이 스마트폰을 보면서 한국

성프란치스코 수도원(위), 성프란치스코 수도원 앞의 광장(가운데), 성프란치스코 수도원의 제대 앞 성모상(아래)

말로 이날의 복음을 읽었다. 다음에 같은 길을 걸었을 때도 이 성당에서는 순례자들 가운데서 한 팀에게 자기 나라말로 복음을 읽도록 했었다. 순례자 성당이라는 이름에 맞게 순례자를 위한 배려를 하는 것 같다. 미사 후에 한국인 단체는 왁자지껄하게 성당을 배경으로 사진을 찍느라 여념이 없어 보였다. 단체로 걷는 사람들이 거의 없는 길에서 상당히 인상적이라고 할까, 눈에 띄는 무리였다.

폰테베드라는 지나쳐 온 마을 중 비교적 규모가 큰, 마을이라기보다는 도시였기에 약국과 슈퍼마켓, 레스토랑 등 거의 모든 시설과 업종이 갖추어져 있는 곳이다. 원래 발이 안 좋아서 힘이 들었는데 벌에 쏘인 오른발의 통증과 함께 요 며칠간 왼쪽 발목도 무척 아파서 걷는 것이 더 힘들었다. 마침 조금 이른 시간에 도착해서 시간적인 여유도 있었으므로 약국 몇 군데를 들러, 내 발에 맞는 발목 보호대를 샀다. 양쪽 발목 2개에 51유로로 가격이 상당히 비쌌지만 그만큼 효과가 있으면 좋겠다.

내일 도착할 칼다스 데 레이스(Caldas de Reis)에 있는 호텔 세나(Hotel Sena)를 예약하고 이번에는 호텔 프런트에서 배낭도 부쳐달라고 부탁했다.

10

Camino Portuguese Central

폰테베드라(Pontevedra)에서 칼다스 데 레이스(Caldas de Reis)

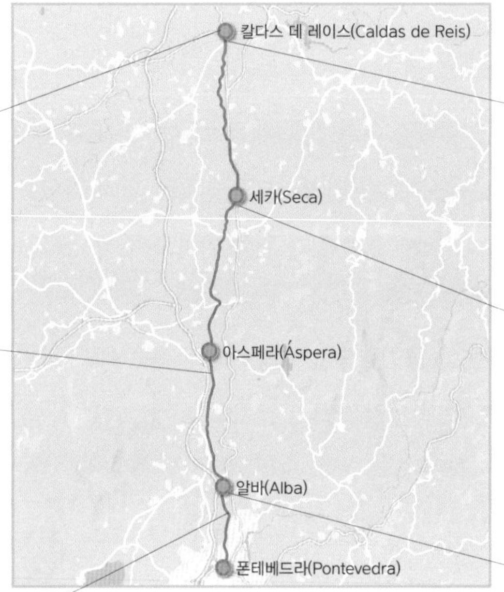

순례자들을 위한 족욕탕

산타마리아 성당

바르 A Pousada do Peregrino에서 기념품을 만드는 할아버지

선술집 푸란초와 소시지 구이

산타마리아 성당과 돌 할아버지

철길을 따라서 이어지는 산길

폰테베드라(Pontevedra)에서 칼다스 데 레이스(Caldas de Reis)

10

22.2km

새벽에 비가 오는 소리가 들리는 것 같아서 밖을 내다봤지만 내가 묵었던 방에서는 창밖을 볼 수 없어 확인하기가 어려웠다. 그래도 엊저녁에 다음 장소로 배낭을 부쳐달라고 해두길 참 잘했다. 그런데 이렇게 판초를 사고 난 뒤부터 계속 비가 오는 것이 신기하다.

미리 준비해둔 빵과 과일로 간단하게 식사하고 다시 하루를 시작했다. 8시에 출발해 순례자 성당 앞의 화살표를 따라서 걷는데, 부르고 다리(Ponte do Burgo)를 지나면서부터 30분 정도 인도가 거의 없는 마을 길을 걸었다. 차도, 사람도 정말 신경 쓰지 않으면 안 될 정도로 위험한 길이다. 폰테베드라(Pontevedra)는 꽤 규모가 큰 도시여서 순례자 성당에서부터 마을을 벗어나기까지 약 40분이 걸렸다. 마을 길을 벗어난 지점

철길을 따라서 이어지는 산길

에서 생태하천 표시가 있는 곳을 지나가게 되는데 역시 인도는 없지만 그래도 여기서부터는 숲의 향기를 맡으면서 걸을 수 있다. '리아 드 폰테베드라(Ria de Pontevedra, 폰테베드라 리아스식 해안)'라는 지명처럼 폰테베드라는 해안 도시여서 크고 작은 하천들이 이곳을 거쳐서 대서양으로 흘러 들어가는데 하천의 정비가 상당히 생태적으로 잘 이루어지고 있는 것 같다.

비를 맞으면서 계속 걸어가는데 내가 산 판초는 배낭 위로 덮어쓰게 되어 있어서, 배낭 길이만큼 땅에 질질 끌린다. 고민하다가 안경 걸이 대용으로 목에 메고 다녔던 운동화 끈으로 허리를 졸라매니 더는 끌리지 않았다. 운동화 끈은 여러 용도로 사용할 수 있는 여행 필수 아이템이다. 터널 아래서 비를 피하면서 끈으로 판초 허리를 동여매고 있을 때 야고보 씨가 인사하고 지나간다. 이 길은 이렇게 같은 길을 걷는 사람들끼리 계속 마주치게 되면서 자연스럽게 일종의 동료애를 느끼게 되는 길인 것 같다. 그렇게 복장을 정비하고 다시 걸어가는데 얼마 가지 않아 비가 그친다. 비가 그치니 어디서부터 시작했는지 사람들이 보이기 시작한다.

드문드문 보이는 철길을 따라서 이어지는 산길을 기분 좋게 걸어가다 보면 언덕 위에 아름다운 큰 성당이 보인다. 폰테베드라에서 약 4km 지점인 알바에 있는 산타마리아 성당(Iglexa de Santa Maria del Alba)으로, 화살표는 성당 벽을 따라서 이어지는데 그 규모가 상당히 크다. 성당을 그대로 지나치지 말고 약간 왼편 안으로 들어가 있는 정면 입구 쪽으로 올라가면 인자한 돌 할아버지가 순례자들을 지켜보면서 앉아 있다. 할아버지가 앉아 있는 돌의자는 그 옆에 한 사람 더 앉을 수 있게 되어 있으니 이곳에서 잠시 여유를 가져보는 것도 좋겠다. 돌 할아버지 앞에는 'D. Juan Lepez Souto'라는 이름과 함께 2008년 10월 25일에 세운 것이라고 적혀 있는데, 이분에 관한 더 이상의 정보는 찾을 수 없었다. 산타마리아 성당은 12세기에 로만 양식으로 지어진 건축물로, 18세기에 완전히 재건되었다. 종탑은 갈리시아 지방에서 볼 수 있는 전형적인 형태다.

그런데 걷다가 보면 아주 드물기는 하지만 반려견이랑 함께 걷는 순례자가 있는가 하면 바퀴 달린 배낭을 끌고 다니는 순례자의 모습도 보인다. 스페인과 포르투갈의 길은 대부분이 돌길이어서 반질반질하게 닳았어도 바퀴 달린 배낭을 끌기에는 불편하지만 그래도 등에 메는 것보다는 조금 편할 것이다. 하지만 산길로 들어서면 등에 짊어질 수밖에 없으니 오히려 더 무겁고 불편할 것 같다. 바퀴 달린 배낭을 끌고 가는 사

산타마리아 성당(위). 산티아고 길은 이 성당 벽을 따라서 걸어간다. 많은 순례자의 휴식처가 되고 있을 성당 앞의 돌 할아버지(아래).

람 뒤를 따라 걸으면서 혼자서 이런저런 생각을 해본다.

산타마리아 성당을 지나면서부터는 다시 아름다운 숲길이 6km 정도

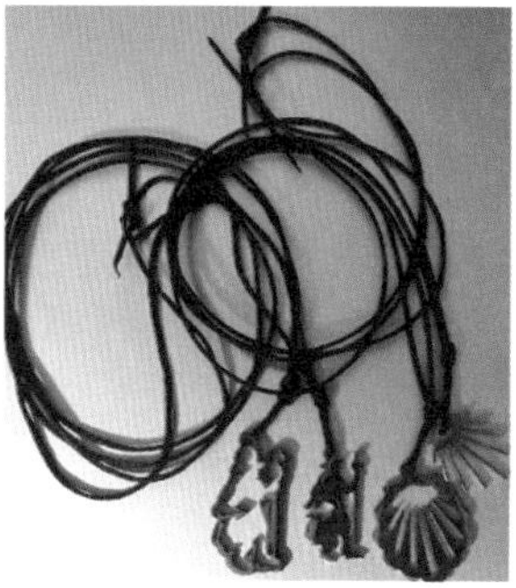

바르 A Pousada do Peregrino의 기념품 만드는 할아버지(위)와 기념 목걸이(아래)

이어진다. 길은 아름답고 걷기도 좋지만 발이 아파도 쉴 곳이 없다. 그렇게 발이 아파 못 견딜 즈음이면 거의 순례자를 대상으로 하는 바르가 나타난다. 10시 반경에 아스페라(A Áspera)에 위치한 바르, 'A Pousada do Peregrino'에 도착했다. 그곳에서 캐런과 데이비를 다시 만났다. A Pousada do Peregrino는 식사와 음료, 테이크아웃까지 되는 규모가 큰 바르다. 이곳에는 수작업으로 만든 기념 목걸이를 판매하는 할아버지가 계시는데, 순례자를 모티브로 한 목걸이가 깔끔하고 예쁘다. 그리고 무엇보다 무게가 나가지 않아서 좋았다.

바르에서 조금 쉬었다가 세 명이 같이 길을 걷기 시작했는데 바로스(Barros)로 들어가는 진입 지점에서 데이비가 무언가를 열심히 보고 있다. 지나치다 말고 다시 돌아서서 데이비가 보고 있는 것을 보았다. 길을 걷거나 자동차로 통과할 때 잠시 정지하라는 'STOP' 표지판에 덧붙여 적은 낙서다. 'STOP COMPLAINING', 산티아고 길에 어울리는 글이

STOP COMPLAINING(왼쪽), NEVER STOP DREAMING(오른쪽)

다 싶어 데이비도 나도 그 자리에서 서서 사진으로 남겼다. 그 후 30분 정도 걷다가 다시 만난 표지판에는 이렇게 적혀있었다. 'NEVER STOP DREAMING'. 다음 편이 기대되어 'STOP' 표지판이 나올 때마다 살펴보았지만 더는 찾을 수 없었다.

캐런, 데이비와 함께 걷다가 오늘의 목적지까지의 거의 중간 지점인 세카(A Seca)에 이르러 들어간 바르 겸 선술집 푸란초(Furancho)에서 한 순례자가 자신이 산 소시지를 소시지 한 개 크기의 화덕에 올려놓고 돌리면서 굽고 있는 진귀한 장면을 보았다. 푸란초는 갈리시아 지방에서 개인 주택을 사용해 집주인이 직접 만든 타파스와 함께 자신이 수확한 와인을 판매하는 곳으로,

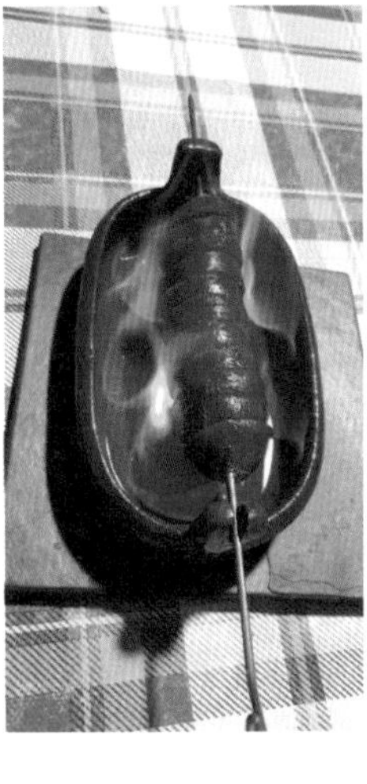

선술집 '푸란초'의 소시지구이

——— 선술집 '푸란초'

잘 보이는 곳에 월계수 가지를 걸어 선술집임을 표시한다. 운영은 보통 겨울에서 봄, 그리고 여름의 시작까지 남는 농작물의 재고가 소진될 때까지 한다.

푸란초 세카 안에는 붉은 색 혹은 맑은 색의 액체가 든 한국의 사발 같이 생긴 잔을 앞에 두고 있는 사람들이 여기저기 보였는데, 이 사발에 들어있는 액체가 와인이라고 한다. 와인을 사발로 마시고, 소시지 한 개를 테이블에서 바로 굽는 신기한 선술집이었다. 모두 소시지 굽는 장면을 사진 찍고 있어서 나도 한 장을 찍었는데, 정작 굽고 있는 사람은 그것을 즐기는지 먹지는 않고 계속 돌리면서 굽기만 했다. 그리고 신기하게 보고 있는 나를 보고 웃는다. 하지만 역시 선술집이다 보니 식사로 대신할 만한 것이 없어 물만 사고 나왔다.

선술집을 지나니 건너편 큰 도로변에 바르가 있었지만, 다시 그곳으

로 들어가기에는 한 장소에서 너무 오래 쉬게 되는 것 같아 그대로 통과하는데, 그곳에서 한국인들 한 무리가 왁자지껄하게 큰소리로 웃고 떠들면서 술을 마시는 장면이 보였다. 큰길 주변에는 두 사람씩 혹은 세 사람씩 짝을 지어 이야기하면서 걷고 있는 사람들도 보였다. 어제 폰테베드라의 성당에서 보았던 한국인들이었다. 이 사람들은 갑자기 어디에서 나타난 것일까? 그들의 배낭에는 여행사 꼬리표가 붙어 있었다. 고요한 길 위에 한국말들이 어지럽게 난무하는 느낌이었다.

다음 마을인 바로사(Barros 혹은 Barasa)를 지나면 다시 약간의 경사가 있는 언덕을 지나가게 되는데 이곳을 지나 티보(Tivo) 근처에 이르면 본격적인 포도밭이 펼쳐진다. 티보는 목적지인 칼다스 데 레이스(Caldas de Reis) 직전 마을로 산티아고까지 47.030km 표지석이 서 있다. 목적지가 가까워질수록 무언가 아쉬운 마음이 들기 시작한다.

포도밭 길이 끝나는 지점, 마을이 시작하는 곳의 어느 집 대문 옆 담벼락에 우편함과 나란히 빵 배달함이 붙어 있다. 빵이 주식인 나라이니 이렇게 배달해서 먹기도 하는가 보다.

산타마리아 성당(위), 아름다운 우미아강(아래)

칼다스 데 레이스로 들어가는 길목에는 묘지가 딸린 로마네스크 양식의 아름다운 성당, 산타마리아 성당(Igrexa de Santa María)이 있고, 이 성당을 지나 조금만 더 가면 신록이 푸르고 하천 변의 꽃들이 눈부시

마을을 지나가면서 흔히 보게 되는 야고보상. 가슴에 조가비를 붙이고 표주박을 단 지팡이와 성경책을 들고 있다.

게 아름다운 우미아강(Rio Umia)을 건너서 마을로 진입하게 된다. 강변에는 데크를 만들어놓아서 강을 따라 산책할 수 있다.

칼다스 데 레이스에서는 호텔 세나를 예약했다. 캐런과 데이비는 도시 진입로 근처의 빌라 비슷한 곳에서 묵는다고 하는데, 내가 예약한 호텔 세나는 좀 더 마을 깊숙이 들어가야 한다. 그러고 보니 항상 두 사람은 마을 초입에, 나는 마을 안 깊숙한 곳에 숙소를 정하는 것 같다.

도시를 가로질러 호텔로 가는 길목에 한 주택 정원에 세워진 사도(使徒) 야고보상이 보인다. 많은 집이 십자가나 성모상, 야고보상을 정원이나 현관 앞에 세워놓고 있다. 이 지방의 야고보상은 지팡이에 우리나라의 표주박 같은 것을 달고 있고 가슴에는 조가비가 붙어 있다.

숙소에 도착하니 4시였다. 7시에 성당 앞에서 두 사람을 만나기로 했으므로 우선 세탁부터 먼저 해서 널어놓고 성당 위치와 미사 시간을 파악한 후, 두 사람이 말한 온천(Hot Spring)을 찾아 나섰다. 칼다스 데 레

순례자들을 위한 온천, 족욕탕

이스라는 지명이 온천을 의미하는 그리스어의 'Aquae Celenae'에서 유래되었을 정도로 이 도시는 온천으로 유명한 곳이다. 조금 전에 숙소를 찾아서 지나가는 길에 데이비가 가지고 있는 책에서 보여준 사진과 흡사한 곳에서 족욕을 하는 순례자 몇 명과 조금 전 선술집 푸란초 근처에서 마주쳤던 한국인 팀 몇 명을 보았는데, 내가 갔을 때는 이미 그 사람들은 떠나고 없었다.

칼다스 데 레이스는 42°C의 온천에서 나오는 열탕이 유명한 곳이라고 했는데, 순례자용 온천은 차라리 약간 미지근한 물이라고 하는 편이 맞을 것 같았다. 하지만 종일 걷고 피곤해진 발의 피로를 풀기에는 충분했다. 혼자서 발을 담그고 있는데 조금 전의 그룹과는 다른 한국 여성이 와서 잠시 이야기를 나누었다. 언니랑 같이 걷다가 헤어졌는데 내일은 다시 만날 것이란다. 이 여성도 역시 프랑스 길을 완주하고 두 번째 산티아고 순례길로 이 길을 걷고 있다고 했다.

그런데 내가 앉아서 쉬었던 곳은 그 형태가 아르카드에서 보았던 빨래터와 똑같이 생겼다. 아마도 원래 온천이 아니라 빨래터였는지 모르겠다. 걸터앉는 부분이 빨래판처럼 안쪽으로 경사가 져서 양 모서리를 꽉 잡지 않으면 미끄러질 것 같아 조심스러웠는데, 캐런도 이곳에서 미끄러져서 옷을 다 버렸다고 했다. 또 다른 온천 한 곳은 정말 족욕을 하기에 딱 알맞게 만든, 규모는 좀 더 작은 곳이다. 두 군데 다 사진을 찍었던 것 같은데 정작 족욕을 했던 빨래터 같은 곳의 사진은 어디론가 사라져버리고 작은 족욕탕 사진만 남았다.

저녁 7시에 캐런과 데이비를 만나기로 했지만, 혹시나 하고 메일을 확인하니 배고프다고 6시 반에 만나자는 문자가 와 있다. 확인한 시간이 이미 6시 40분이 넘었지만 마침 약속 장소 근처에서 문자를 확인했으므로 급하게 서둘러가다 길에서 두 사람을 만났다. 그리고 함께 적당한 레스토랑을 찾고 있는데 지나가는 사람은 모두 캐런의 친구다. 결국, 우미아 강변의 분위기 좋은 식당에 앉아 있던 캐런의 또 다른 친구들과 합석해 함께 밥을 먹게 되었다. 그런데 여러 사람이 영어로 떠들고 즐거워하는데 거의 알아듣지 못하는 대화의 한가운데 있으니 곤혹스럽다. 어색해하는 나에게 캐런의 친구 중 한 명이 자신이 프랑스 길을 걸었을 때 처음부터 끝까지 같이 걸었던 젊은 한국인 친구 '준열'의 사진을 보여주었다. 그 자리에서 모두 통성명했는데 정작 그의 이름을 기억하지 못해 다음에 만났을 때부터 나는 그 사람을 '준열이 친구'라고 불렀다.

순례자들은 이렇게 하루를 마무리하는 것 같다. 알베르게에서 묵으면 알베르게에서 함께 모여서 걸었던 이야기를 나누면서 세계 여러 나라의 친구들을 만들어가고, 알베르게가 아닌 경우에는 이렇게 순례지의 바르나 레스토랑에서 이야기를 나눈다. 그리고 다음 날 각자의 길을 떠나지만, 어차피 목적지가 같으니까 걷다가 다시 만나서 힘내라고 "부엔 카미노(Buen Camino, 가는 길에 행운이 깃들라)"로 인사하고, 다음 날도 대부분 같은 곳에서 묵게 되므로 같은 일정을 걷는 사람끼리는 며칠 만에 자연스럽게 서로가 낯이 익게 된다.

캐런과 나는 7시 반 미사에 가기로 하였으므로 먼저 일어나서 성당으로 갔다. 우미아강에서 시가지 방향으로 조금만 가면 나오는 산토메 베켓 성당(Igrexa de San Tomé Becket)은 12세기에 산티아고까지 순례하면서 이곳을 방문했던 캔터베리의 산토메(성 토마스)에게 헌정된 성당으로, 1890년에 세워졌다. 영국 캔터베리의 대주교였던 베켓 대주교는 교회 법정에서 행해야 할 성직자의 권리와 교황청에 호소하는 권리를 부인하는 '클라렌든 칙령(Constitutions of Clarendon)'을 거부한 이유로 살해당했다. 그는 살해되기 3년 전에 산티아고를 순례했다. 산토메 베켓 성당은 규모는 그다지 크지 않지만, 건물의 외관은 물론 내부도 단아하면서도 화려한 느낌의 성당이다. 그런데 이 아름다운 성당에서 왜 사진을 한 장도 찍지 않았는지 모르겠다.

어제 성당에서 보았던 한국인 그룹은 아까 족욕장에서는 보였는데 오늘 미사에서는 보이지 않았다. 캐런과는 분명히 내일 걷다가 다시 만날 테니 특별한 약속 없이 "See You Again!"으로 인사하고 헤어졌다.

11

Camino Portuguese Central

칼다스 데 레이스(Caldas de Reis)에서 파드론(Padron)

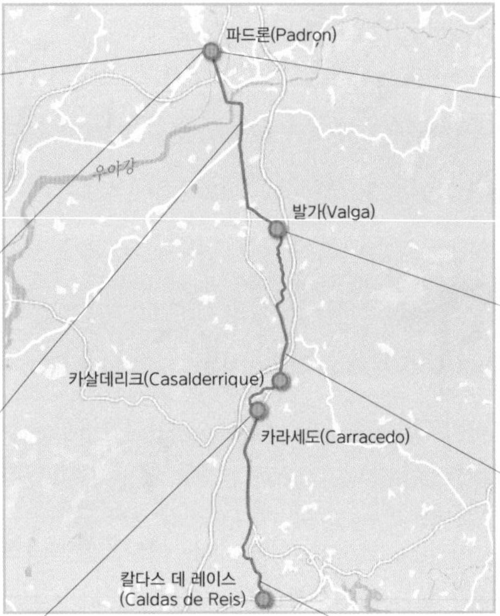

산티아기뇨 두 몬테

파드론 산티아고 사도 성당

카르멘 수도원과 갈멘 샘

산미구엘 성당

산술리안 성당

순례자 쉼터

산타마리아 성당

베르마냐강의 다리

칼다스 데 레이스(Caldas de Reis)에서 파드론(Padron)

11

19.1km

오늘은 약 5km 정도만 경사길을 올라가면 그다음부터 계속해서 내리막길로 이어지는 평탄한 코스다. 어제 미리 준비해둔 체리와 빵 한 조각을 먹고 8시 20분에 호텔에 배낭 배달을 부탁하고 출발했다. 칼다스 데 레이스(Caldas de Reis)는 지나왔던 다른 도시들보다 비교적 새로운 건물들이 많은 곳이지만 오래된 구조물들과의 조화가 아름다운 곳이다. 이른 아침, 마을을 통과하는 길에 순례자들의 모습이 많이 보인다.

출발하고 얼마 되지 않은 지점에 있는 베르마냐강의 로만 다리(Ponte Romana do Río Bermaña)는 일명 중세 다리(Medieval bridge)라고도 불린다. 이 다리는 그 명칭에서부터 알 수 있듯이 1세기부터 있었던 오래된 다리로, 로마 시대의 원형이 남아 있다. 규모는 작지만 세 개의 아치를

베르마냐강의 로만 다리(위), 로만 다리 건너편에 있는 음수대(아래)

가진 다리 중앙에 큰 크루세이루가 있고 바닥은 전형적인 로마 가도 양식으로 촘촘하게 돌을 깔아 포장되어 있는데, 지금도 옛날 그대로의 돌바닥이 일부 남아 있다. 이러한 역사적 의미까지는 모른다고 하더라도 오래된 돌난간만 보아도 역사적 흔적을 생생히 느낄 수 있다. 다리의 아름다움 때문인지 아니면 역사적 의미 때문인지 대부분 순례자가 사진을 찍고 지나간다. 걸으면서 한 가지 느낀 점은 많은 이들이 손에 책을 들고 구간 구간의 의미 있는 곳을 꼼꼼히 둘러보면서 걷는다는 것이다.

다리 건너편에 있는 고색창연한 음수대를 지나 마을 길을 따라 조금만 걸어가면 산로케(San Roque) 길로 접어들면서 마을 외곽으로 빠지게 된다. 그런데 화살표는 이 길 이름의 유래가 된 산로케 경당을 조금 못 미쳐서 다른 길로 꺾어지는데, 아주 작은 경당이지만 미리 알았더라면 약간의 우회를 감수하고라도 한번 들러보았으면 좋았을 것 같다. '산로케(San Roque)'는 칼다스 데 레이스의 수호성인으로, 중세 유럽을 황폐화했던 페스트가 유행했을 때 자신도 페스트에 걸렸지만 매일 그의 상처를 핥고 빵을 가져다준 개의 덕분으로 살아났다고 한다. 이러한 연유로 산로케는 순례자와 개의 수호성인이기도 하다. 경당 전면에는 순례자 복장의 산로케가 개와 함께 있는 부조가 새겨져 있다고 한다.[3]

칼다스 데 레이스 외곽의 마을들도 역시 포도를 주로 재배하는 전형적인 농촌이다. 그런데 이곳의 집들은 우리네 농촌 마을처럼 상당히 오래된 삶이 묻어나고 있어서 사람들이 떠난 흔적들과 낡은 집을 허물고 새로 지은 집들도 많이 보인다. 그 삶의 흔적에서 전통적인 갈리시아 지방의 주택 구조를 짐작할 수 있어 상당히 흥미롭다.

9시 50분, 칼다스 데 레이스에서 약 5km 거리에 자리한 마을, 카라세도(Carracedo)의 산타마리아 성당(Igrexa de Santa Mariña de Carracedo) 앞

[3] 스페인의 여러 지방에 같은 이름의 산로케 성당이 있다. 화살표를 따라 걷는 길목에도 또 다른 산로케 성당이 있다.

카라세도의 산타마리아 성당

에서 잠시 휴식을 취했다. 산타마리아 성당은 언제 세워졌는지는 확실하지 않으나 건물 일부분에서 로마네스크 양식을 볼 수 있으며, 멀리서도 보이는 큰 종탑은 바로크 양식이다. 성당 주변은 비교적 넓은 공터와 의자가 있어서 좋은 쉼터 역할을 한다. 그런데 성당 건물이 너무 낡았고 담벼락도 군데군데 무너져있는 데다가 두 차례 이곳을 지날 때마다 성당 문이 닫혀 있어서 이제는 사용하지 않는 곳이라고 생각했다. 말로만 들었는데 정말로 신자 수가 줄어들어서 이렇게 폐쇄되는 성당들도 있구나, 하는 생각에 짙은 아쉬움을 느꼈던 곳이었다.

하지만 이 글을 쓰면서 여러 가지 자료를 찾는 가운데 깨끗한 내부를 둘러보며 사진을 찍는 모습과 불 켜진 아름다운 종탑, 성당의 야경 사진을 몇 장 찾을 수 있었다. 그 사진들은 최근에 인터넷에 올려진 것들이니 지금도 성당 본연의 역할을 당당히 수행하고 있는 곳이라는 증거가 되겠다. 무언가 다행이라는 안도감이 든다. 그리고 사진에서 볼 때 운이

카살데리크의 순례자 쉼터

좋으면 내부로 들어가 볼 수도 있는 것 같다. 고색창연하면서도 단아한 아름다움이 풍기는 성당 내부의 사진들을 보면서 못 들어가 본 것에 대해 아쉬움을 느낀다.

오늘은 지금까지 상당히 걷기 좋은 길이다. 큰 도로 N-550과 같은 방향으로 이어지지만, 도로와는 약간 떨어진 숲길과 산길이라고까지는 할 수 없는 낮은 언덕길을 오르내리면서 걷게 되어 있다. 그런데 카라세도의 산타마리아 성당을 지나 약 1.5km 정도의 지점인 카살데리크(Casalderrique)를 지나는 산길에는 독특한 쉼터가 있다.

1750년에 세워진 네오클래식 스타일의 순례자 쉼터라고 안내서에는 적혀 있지만, 언뜻 보면 외따로 떨어져 있는 작은 농막처럼 보인다. 작은 앞마당에 순례자상과 농기구들로 장식된 소박한 야외 쉼터가 조성되어 있고 건물 내에는 간소한 식음료 자동판매기가 설치되어 있는데, 수많은 순례자의 흔적이 곳곳에 남아 있다. 이곳에서 세요를 찍고 잠시 휴식을 취한 후 다시 숲길을 걷는다. 특히, 카라세도에서 약 5km 지점의 발가(Valga) 인근을 지나는 숲길은 아치로 드리워진 나무 그늘이 아름답다.

그런데 걷기 좋은 아름다운 길이기는 하지만 계속 걷다가 보니 지쳐서 쉴 곳을 찾기 시작할 즈음, 숲길이 끝나는 내리막길에 큰 성당이 나타났다. 발가의 산미구엘(San Miguel de Valga) 성당이다. 성당 주변을 둘러보면서 사진도 찍고 아무도 없는 성당 벽 그늘에 앉아서 가져온 체리를 먹고 있는데 12시 종이 울린다. 이곳은 어디를 가도 시간을 알리는 종이 30분 간격으로 울린다. 시간의 흐름도 알게 되면서, 마음의 안정을 주는 반가운 소리다.

산미구엘 성당에는 이제껏 보지 못한 대규모의 마을 묘지가 있고, 이 묘지를 관리하는 사람들도 있었다. 스페인의 매장방식 중에는 아파트 형식으로 만들어진 콘크리트 묘실에 관을 넣게 되어 있는 '니초(Nicho)'라고 불리는 방식이 있다. 이른바 묘지 아파트인 셈이다. 니초는 작은 면적에 많은 시신을 매장할 수 있는 선진적인 장례문화라고 하는데, 산미구엘 성당의 니초는 상당히 규모가 컸다.

성당 안으로는 들어갈 수 없었지만, 성당 주변과 묘지를 둘러보면서 느긋하게 쉬고 체리까지 먹고 언덕을 올라갔더니 성당 바로 뒤에 슈퍼를 겸한 셀프서비스 바르, 산미구엘(Autoservicio San Miguel)이 있었다. 이렇게 마을이 있고 한참 동안 바르가 없었다면 이쯤에서 반드시 하나 정도는 나타날 것이라고 짐작했어야 했다. 그리고 두 번째 걸으면서 보

산미구엘 성당의 니초

니까 성당 바로 건너편에도 새로운 바르가 생겼다. 어쨌든 돌로 만들어진 성당의 시원한 그늘에서 혼자 느긋하게 쉴 수 있었으니 그것만으로도 충분히 행복한 시간이었다. 쉬기도 하고 간식도 먹었으니 배가 고프지는 않았지만, 바르에 들어가서 커피와 오믈렛을 먹고 배낭을 메지 않았을 때 땅에 끌리지 않을 정도의 짧은 비옷도 하나 샀다. 짐을 늘리고 싶지는 않았지만 나는 비에 대비하는 데 지나칠 정도로 예민한 것 같다.

역시 예상대로 첫 번째 쉬는 카페에서는 캐런과 데이비, 그들을 만난다. 7시에 출발해서 천천히 걸었다는 그들과 8시 20분에 출발해서 사진까지 찍어가며 걸은 내가 이렇게 만나는 것이 '카미노의 매직'이란다. 사람 좋아하는 캐런이 다른 사람들에게 내 이야기를 하던 중이었다며 이 사람이 '조'라고 소개한다. 어제의 스틱 사건이 아마 화제의 중심이었을지도 모르겠다.

어제 숙소로 가는 도중에 있던 큰 슈퍼마켓 프로이즈(Super Mercados Froiz)에서 먹을 것을 조금 사고 호텔로 갔는데, 호텔에 가서야 스틱을 두고 온 것이 생각났다. 그런데 어차피 캐런들과 만나려면 그 길을 다시 가야 하니 가면서 스틱을 찾을 생각으로 족욕을 하기 위한 수건을 챙겨 들고 조금 느긋하게 나갔는데 그 슈퍼마켓에 스틱이 안 보였다. 길을 걷는데 스틱이 없으면 정말 힘이 든다. 망설이다가 점원에게 혹시 스틱을 보지 못 했느냐고 물었더니 자기는 본 적이 없다면서 지배인을 불러서 다시 물어본다. 지배인이 자신도 모른다면서 잠시 기다리라고 하더니 예전에 누군가가 두고 간 스틱을 내게 가져가라면서 주었다. 고맙게 받아서 들고 족욕 하러 갔다 오다가 보니 길목에 똑같은 프로이즈가 하나 더 있고, 그곳에 내 스틱이 놓여 있었다. 결국, 세 개가 된 스틱을 들고 캐런들과 만나러 갔더니 마침 데이비가 오다가 도중에 쉬었던 바르에 자신의 스틱을 두고 왔다면서 어쩔 줄 몰라 하던 중이었다. 그래서 내가 지배인에게 받았던 스틱을 데이비에게 주는 스틱의 회전 사건이 있었다. 아쉽게도 지배인에게서 받은 스틱은 고장이 나서 데이비도 쓸 수 없었지만 말이다! 어제 저녁 식사 자리에서도 이 사건으로 모두 박장대

소했었다. 이렇게 해서 세 명이 다시 함께 길을 걷기 시작했다. 우연히 오늘은 숙소도 같았다.

오후 2시경 지나간 발가(Valga)는 꽃이 많은 아름다운 마을이었다. 시에스타(Siesta) 시간이어서인지 지나가는 사람이라고는 순례자들뿐인 마을 길을 걸으면서 너도나도 가다가는 멈추고 사진을 찍는다. 파드론으로 가는 마지막 마을인 폰테세수레스(Pontecesures)에서는 마을 안길을 걷기 시작하는데 마을 빨래터와 곡물 저장창고 오레오, 그리고 꽃으로 단장한 철망 사이로 껑충껑충 뛰면서 순례자들을 반겨주는 강아지들까지 '아! 사람 사는 곳이구나'를 느끼게 하는 길이다. 그렇게 좁은 마을 길 사이를 따라서 걷다가 보면 갑자기 커다란 묘지가 나타나는데, 교통량이 많은 큰 도로와 화살표를 따라 걷는 마을 길 사이에 있는 이 커다란 묘지가 딸린 성당, 산술리안 성당(Iglesia de San Xulián de Requeixo) 뒷벽을 따라서 내리막길이 이어진다. 성당 뒷면만 보고 내리막길을 걷게 되니 보이는 것은 묘지가 대부분이지만 그래도 전체적인 조망은 대략 볼 수 있다. 산술리안 성당은 1396년에

산술리안 성당

파드론 고추

세워진 프란치스코회 수도원 건물로, 스페인 북서부 갈리시아 지방의 명물인, 부드러우면서도 톡 쏘는 매운맛을 가진 파드론 고추(Padrón peppers) 4의 기원지라고 한다.

대서양과 면해 있는 스페인 북서부 지방에는 큰 강과 그 지류들이 거미줄처럼 얽혀 있는 곳들이 많다. 그중에 큰 강들은 오래전부터 다른 지방 혹은 대륙과의 교통로 역할을 해왔다. 산술리안 성당 인근을 흐르는 우야강(Rio Ulla) 5도 그중 하나로, 이 강을 통해 스페인으로 들어온 미국의 한 프란치스코회 선교사에 의해 전파되었다고 하는 파드론 고추는 스페인뿐만 아니라 국제적인 미식계에 지대한 영향을 미쳤다.

산술리안 성당의 뒷벽을 따라 이어지는 마을 길이 끝나면 우야강을 지나는 다리를 건너게 된다. 강변에 있는 레스토랑에서 오전에 캐런들과 함께 있던 일행들이 앉아서 쉬고 있는 모습이 보였다.

우야강은 앞서도 잠깐 언급했지만 수많은 지류가 합류하여 대서양으로 흘러가는 상당히 규모가 큰 강으로, 파드론(Padron)을 크게 두 줄기로 감싸고 흐르는 사르강(Rio Sar)도 우야강으로 흘러간다. 즉, 파드론은 남쪽으로는 우야강이 지나가고 동쪽과 서쪽으로 흐르는 사르강이 북쪽

4
헤브론 고추(Herbón peppers)라고도 불린다. 헤브론은 파드론의 이웃 지방이다.

5
울라강이라고도 하는데, 여기서는 스페인어의 발음에 따라 우야강이라고 표기한다.

에서 합쳐지는, 삼면이 강으로 둘러싸인 긴 호리병 형태의 도시다. 현재의 모습에서는 상상하기 힘들지만 사르강은 중세 시대까지는 항해가 가능할 정도로 규모가 큰 강이었다. 야고보 성인의 유해를 실은 돌배가 파드론까지 올 수 있었던 지형적인 요인이 바로 이 강들의 연결 지점이라는 점이다. 전해오는 이야기에 따르면 예수의 열두 제자 중 한 사람인 야고보 성인은 스페인의 갈리시아 지방까지 가서 선교 활동을 하고 예루살렘으로 돌아간 후, 헤로데 아그리파 1세 왕에 의해 참수형을 받고 사도로서는 첫 순교자가 되었다. 그리고 성인의 두 제자 테오토라와 아타나시오가 예루살렘에서 55km 떨어진 지중해 연안의 항구도시 야파(Jaffa)[6]에서 배에 성인의 유해를 싣고 출항했는데, 천사의 인도로 일주일 만에 지중해를 지나 그가 한때 선교했던 갈리시아 지방에 이르렀고, 다시 우야강을 거슬러 올라가 항구도시인 이리아 플라비아(Iria Flavia)에 도착했다고 한다.

이곳에 도착한 배를 묶어놓았던 돌기둥을 페드론(The Pedrón)[7]이라고 하는데, 파드론이라는 지명의 유래가 되기도 한다. 이 돌기둥, 페드론은 현재 파드론의 성당 제대 아래에 보존되어 있다. 그런데 아무리 당

6

구약시대의 도시로 가자지구 북쪽, 예루살렘에서 서쪽 직선 방향에 있었다.

7

페드론은 스페인어로 '돌멩이'라는 뜻으로, 야고보 성인과 산티아고 데 콤포스텔라와의 관련성을 상징하는 주요한 유산이다. 그런데 페드론은 로마 시대에는 물의 신 넵튠에게 바쳐진 제단이었는데, 기독교에서는 그것을 배의 정박과 관련한 항구 요소로 재해석하고 있다고 한다. (파드론 성당 홈페이지, http://xacopedia.com/Santiago_de_Padr%C3%B3n_iglesia_de)

파드론 외곽의 한 가정집 정원에 설치된 배와 돌기둥의 모형(위), 돌배와 관련한 그림(아래)

시에 사르강이 항해가 가능한 정도의 규모를 가지고 있었고 이곳이 항구도시의 역할을 했다고는 하지만, 지도로 보면 유해를 실은 배가 어떻게 야파에서 이곳까지 올 수 있었을까 싶은 생각이 든다. 그래서 이 배를 '기적의 배'라고 하는 것 같다. 신앙심으로밖에 달리 설명할 수 없는 부분이다. 파드론 일대에는 곳곳에서 다양한 형태의 선박 모형이나 그림들을 볼 수 있다.

우리가 예약한 숙소는 파드론의 동쪽으로 흐르는 사르강 쪽에 있는

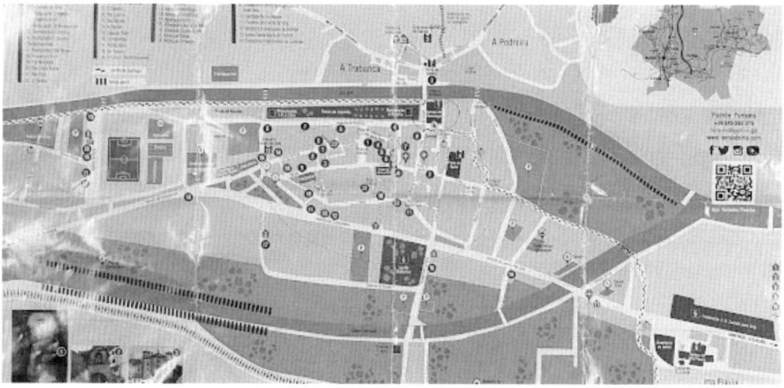

호리병 같은 파드론의 지형

철도역 바로 옆에 있었다. 그런데 인터넷을 보고 숙소의 위치를 찾고 있는 나와 달리 종이지도와 책을 보면서 찾아가는 캐런이 말하는 방향에 상당히 큰 차이가 있었다. 인터넷 지도에는 우야강 다리를 건너서 바로 우측으로 가게 되어있는데, 캐런은 다리를 지나서 마을을 관통하는 골목길로 직진해서 가야 한다는 것이었다. 결국, 캐런을 따라서 걷게 되었는데 마을 안으로 좁은 골목길, 밭길 사이를 지나고 다시 강둑을 따라 걷다가 개인 밭을 횡단했다가 다시 골목길을 돌아서 가는 과정을 거쳐 약 30분 이상을 헤매다가 오후 4시에 겨우 숙소에 도착했다. 그 후 다시 지도를 보니 우리가 지나간 길은 마을을 관통해 서쪽 사르강까지 가서는 강둑을 따라 한참을 걸어서 파드론 중심가에 다다른 후 동쪽 사르강 쪽으로 횡단하는, 말 그대로 동네 한 바퀴였다. 그런데 종이 지도상의 화살표는 우리가 걸어갔던 길을 따라 나 있었다. 인터넷에서 알려주는 지름길을 따라가지는 못했지만 그래도 낯선 동네를 헤매다가 하늘을

동네를 헤매다가 보게 된 무지개

보니 선명한 무지개가 걸려 있어서, 힘들었지만 기분은 좋았다. 그리고 헤매더라도 혼자가 아니라 세 명이라는 점에서 마음 든든하기도 했다.

그렇게 시내를 한 바퀴 도는데 언덕 위에 높게 솟은 카르멘 수도원(Convento del Carmen)이 보인다. 그리고 카르멘 수도원으로 올라가는 언덕 입구에는 카르멘 샘(Fonte do Carmen)이 있는데, 이것은 1577년에 만들어진 것을 1789년에 증수한 구조물로, 샘 위에는 사도 야고보의 유해를 실은 배와 이교도인 루파(Lupa) 여왕의 세례 장면을 나타내는 조각상이 있다.

파드론에 도달한 두 제자가 스승인 야고보의 시신을 매장하기 위해 이곳 통치자인 루파 여왕에게 허락을 구했지만, 여왕은 쉽게 매장을 허락하지 않았다. 그런데 여왕에게는 골치 아픈 일이 있었는데, 그것은 광포한 야생 소가 날뛰어서 사람들이 두려움에 떠는 것이었다. 여왕은 이

언덕 위의 카르멘 수도원(위), 카르멘 샘과 루파 여왕의 세례 장면(아래)

야생 소를 길들여준다면 매장을 허락하겠다고 했다. 당연히 야생 소는 얌전해졌고, 야고보의 시신은 산으로 옮겨 매장할 수 있었다.[8] 이 기적으로 이교도인 루파 여왕이 개종했다고 한다. 카르멘 샘에 새겨진 루파 여왕의 세례 장면은 그것을 형상화한 것이다.

카르멘 수도원 건너편에 있는 파드론 산티아고 사도 성당(Iglesia de Santiago Apóstol de Padrón)에서 다 함께 세요를 받고 미사 시간을 확인했다. 이때 이곳에서 세요를 받고 성당 제단과 내부 이곳저곳을 사진 찍고 있는 한국 순례자 그룹과 다시 만났다. 이 그룹은 걷는 장면은 보이지 않는데 군데군데 특별한 곳에서 마주친다.

야고보 성인의 시신을 운반한 배가 정박한 곳에서 몇 미터 떨어진 곳에 세워진 파드론 성당은 '트랜스레이시오(TRANSLATIO)'라고도 한다. 이는 라틴어로 '옮기다'라는 의미다. 이 성당에 관하여 최초로 발견되는 기록은 924년 이전에 구데신도(Gudesindo) 주교에 의해 지어졌다는 것으로, 이후 1133년경에 디에고 겔미레스(Diego Gelmírez) 주교에 의해 로마네스크 양식으로 변하게 된다. 그 이후 다시 1456년에 주교 로드리고 데 루나(Rodrigo de Luna)의 지시에 따라 교회 건축에서 고딕 개혁이 시작되었고, 1858년에는 고딕 양식 건물의 잔해가 철거된 직후 새로운 신고전주의 양식으로 건설이 시작되어 1867년에 완성되었다. 이렇게 한 건축물 안에 역사적인 변화가 켜켜이 쌓이면서도 변함없이 그 자리를 지키고 있는 것은 스페인의 수호성인인 사도 야고보와의 인연

8

711년 스페인과 이베리아반도 전역이 아프리카 북부에 살던 무어족의 침략을 받아 점령당한 뒤 성인의 유해 또한 그 행방을 알 수 없게 되었다. 그러던 중 813년에 그 지방에 살던 한 은수자가 별빛에 이끌려 기적적으로 성 야고보의 무덤을 발견하면서 그 위에 성당이 건립되고, '별들의 들판'이란 뜻에서 '콤포스텔라'라고 불렀다. 그리고 이 도시는 자연스럽게 성인의 이름을 따서 '산티아고 데 콤포스텔라'로 불리게 되었다(가톨릭 굿뉴스).

이 이곳에서부터 시작되었다는 종교적인 중요성 때문일 것이다. 지금도 성당 내부의 두꺼운 벽면 안에서 이전에 세워졌던 다른 양식의 흔적들을 찾아볼 수 있다.

그런데 사르강이 파드론에서 양 갈래로 갈라지는 데다 동쪽에 이리아 플라비아 성당(Iglesia de Iria Flavia)이 있고, 서쪽에 카르멘 수도원과 파드론 성당이 있어서 어느 쪽이 야고보 성인의 시신을 실은 배가 도착한 항구인지 알기가 어렵다. 여러 가지 자료를 뒤적이다가 파드론 성당 안내 팸플릿에서 당시에 우야강 옆 도로와 사르강 둑의 무르가단(Murgadán), 두 곳에 항구가 있었다는 기록을 발견했다. 파드론 성당 옆의 좁은 골목길이 무르가단 길(Rúa Murgadán)이므로, 시신을 운반한 배를 묶어둔 곳에서 몇 미터 떨어진 곳에 세워진 파드론 성당에 돌기둥, 페드론을 보존하고 있다는 기록과 일치한다. 즉, 현재 카르멘 샘과 파드론 성당 사이를 흐르는 사르강 줄기에 예전에는 큰 항구가 있었고, 이 항구까지 바람과 물길을 따라 배가 거슬러 올라왔다는 것이다. 그리고 행정구역이 아주 일치하지는 않지만, 당시 항구도시의 이름, 즉 파드론의 옛 이름이 '이리아 플라비아(Iria Flavia)'였다. 산티아고 데 콤포스텔라의 역사적 기록에서 반드시 등장하는 이리아 플라비아를 현재의 지도에서 찾을 수 없는 이유다.

그런데 우선 숙소를 찾는 것이 먼저여서 우리는 세요만 받고 다시 길을 찾아 나섰다. 다행히 숙소는 파드론 성당에서는 직선거리로 그다지 멀지 않은 곳에 있었다. 짐을 풀고 잠시 쉬고 난 후 숙소에서 받은 지도를 들고 다시 혼자 성당으로 갔다. 안내서를 보면서 페드론을 찾고 있는

파드론 성당(위), 파드론 산티아고 성당 안의 중앙 제단과 돌기둥, 설교단(아래)

데 성당 안의 안내인께서 친절히 제단 뒤까지 안내해 주셨다. 그리고 일반적으로 제단 위로는 성직자와 관계자 이외에는 올라가지 않기 때문에 망설이고 있는데 제단 위에 올라가도 된다면서 그 뒤에 보존되어 있는 페드론을 사진 찍으라고도 하시고, 옆의 돌로 된 설교단에 대해서도 여러 가지로 설명하시면서 사진을 찍으라고 하셨다.

사실 그때는 제대로 알아듣지 못했지만, 나중에 설명서를 읽어보니

파드론 성당 안의 돌기둥(왼쪽), 십자가에서 내려진 예수와 애통해 하는 성모 마리아(가운데), 성당 안에 걸려 있는 기적의 배 부조(오른쪽)

설교단은 15세기에 만들어진, 고딕 교회에서 사용했던 것이다. 순례자 야고보의 모습이 새겨져 있는 무려 700여 년 된 귀중한 보물을 지금도 그대로 사용한다니 그저 감탄할 따름이다. 성당 안에는 그 이외에도 뼈로 보이는 작은 조각이 들어 있는 유물과 야고보 성인과 관련한 오래된 역사를 상징하는 유화와 조각, 성상 등 볼거리가 정말 풍부해서 성당 안을 둘러보는 데 한 시간으로도 시간이 모자랄 지경이다. 그리고 이 성당 안의 백마를 탄 기사 차림의 야고보상도 주목할 만하다.

파드론 산티아고 성당을 둘러보고 난 후에 언덕 위의 카르멘 수도원으로 갔다. 카르멘 수도원은 1752년 건축되었는데 지금은 도미나코회가 관리하고 있다. 수도원의 문은 잠겨 있었지만, 그곳의 발코니는 파드론 시내를 조망할 수 있는 좋은 전망대였다. 그런데 카르멘 샘에서 수도원으로 올라가는 방향으로 보면 좌우로 갈라지는 지점에 방향 표시가 되어 있다. 이때 오른쪽으로 좁은 골목길을 따라 약 50m만 가면 왼쪽으로 아주 좁은 골목에 가파른 계단이 나타난다. 수도원 뒤편을 돌아 산으로 올라가게 되어 있는 이 계단을 산티아고산으로 올라가는 계단, 즉 '산티아기뇨 두 몬테 계단(Escaleiras Santiaguiño do Monte)'라고 하는데 19세기에 만들어진 이 125개의 계단을 따라 올라가면 산티아기뇨 두 몬테(Santiaguiño Do Monte)에 도착하게 된다. 이 길을 두 번 걸었으면서, 그것도 여러 가지 자료를 찾아보고 걸었다고 하면서 솔직하게 여기는 몰라서 못 갔던 곳이다. 순례자 앱을 보니 많은 순례자가 이곳을 못 보고 지나친다고 적혀 있지만 그래도 아쉬움을 금할 수 없다. 하기야 못 가봐서 아쉽다는 말을 다른 곳에서도 벌써 수차례나 했지만, 세 번째 다시 이 길을 걷는다면 반드시 이곳만은 올라가 보리라 다짐해본다.

각설하고, 정상에 도착하면 경당과 바위 무더기 위에 세워진 야고보상과 십자가가 나타난다. 이곳을 산티아기뇨 두 몬테라고 하는데, 전해지는 이야기에 의하면 사도 야고보가 약 40년경에 이 바위 위에서 설교했고, 그의 지팡이로 이 근처에 샘을 만들었다고 한다. 그리고 경당은 언제 만들어졌는지 정확하지 않지만, 중세 시대에 만들어졌다고 전해진다.

앞서도 말한 바와 같이 사도 야고보가 갈리시아 지방에서 선교활동을 한 후 예루살렘으로 돌아가서 순교하였기 때문에 제자들이 그 유해를 싣고 갈리시아로 왔다고 하는데, 설교한 곳과 배가 정착한 곳이 이곳이

산티아기뇨 두 몬테의 바위 위 십자가와 야고보상, 경당과 은둔자의 집 (출처 : 파드론 관광사무소 팸플릿)

라는 점에서 특히 야고보 성인을 기리는 산티아고 순례길에서 이 장소가 가지는 의미는 목적지인 산티아고 데 콤포스텔라만큼이나 중요하다고 하겠다. 그래서 포르투 길을 걷는 영어권 순례자들이 가장 애용하는 가이드북에도 이 바위가 표지로 장식되어 있고, 누구였는지 기억이 나지 않지만, 같이 길을 걸으면서 잠시 이야기를 나눈 순례자가 여기를 올라갔다고 했던 것이다. 역시 아는 만큼 보인다. 아쉬운 마음에 파드론의 공식 팸플릿에 나와 있는 사진을 공유해본다.

그렇게 산티아기뇨 두 몬테는 몰라서 못 갔고, 카르멘 수도원 발코니에서 파드론 시내를 전망하고는 다시 성당 앞을 지나 숙소로 가는 길목에 있는 상당히 규모가 크면서 잘 정비된 식물원(Xardín Botánico de Padrón)을 둘러보면서 느긋하게 여유를 즐겼다. 그리고 호텔에서 잠시 쉬었다가 저녁 8시 반에 미사에 참여했다.

12

Camino Portuguese Central

파드론(Padron)에서 산티아고(Santiago de Compostela)

알베르게, 세미나리오 메노르

에스크라비튜데 성당

이리아 플라비아 성당

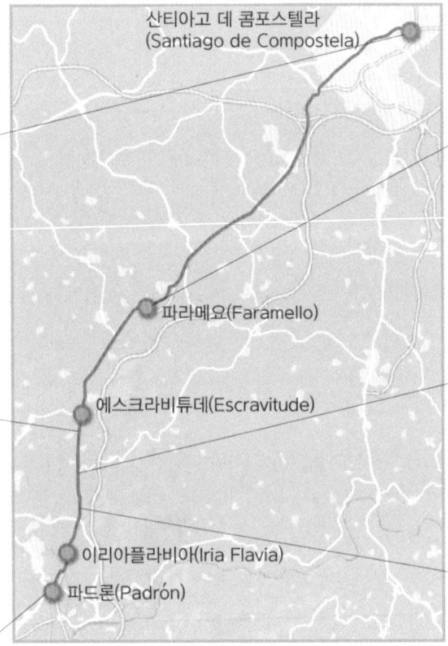

산 마르테뇨 경당과 돌 십자가

타리오의 빨래터

23,710km 표지석

파드론(Padron)에서 산티아고(Santiago de Compostela)

12

25.6km

오늘은 산티아고까지 여정의 마지막 날이다. 전날 저녁 캐런, 데이비와 함께 호텔에서 저녁을 먹을 때 그다지 건강 상태가 좋지 않은 데이비는 내일은 비가 올 거라면서 산티아고 입성만큼은 걸어서 하고 싶으니 중간까지 차를 타고 가서 거기서부터 걷겠다고 했다. 그리고 캐런은 처음부터 함께 걷기로 했다. 비 예보를 들으니 뒷부분이 길어서 끌릴 것 같은 판초가 생각났다. 새로 산 짧은 비옷은 조금 부실할 것 같고, 배낭은 부치기로 했으니 판초의 길이를 어떻게든 해봐야겠다는 생각에, 가지고 있는 옷핀을 모두 꺼내어 뒤 단을 안으로 접어 넣었다. 입어보니 뒤가 끌리지 않고 적당하다. 운동화 끈도 그렇지만 옷핀은 여행길의 필수품이다.

일어나보니 아침부터 금방이라도 비가 쏟아질 것 같다. 7시 반에 호텔 식당에서 두 사람을 만나기로 해 내려갔더니 같이 출발하기로 했던 캐런도 중간부터 걷겠다며 12시경 중간 지점인 테오(Teo)에서 만나자고 한다. 두 사람은 자동차로 가면 약속 장소까지 30분도 걸리지 않으니 좀 더 호텔에서 쉬었다가 가기로 하고, 8시 반에 혼자서 출발하는데 이때부터 벌써 비가 부슬부슬 내리기 시작했다. 판초를 입고 호텔에서 알려준 대로 약간은 위험한 철길을 따라 북쪽으로 약 1km 정도 거리에 있는 이리아 플라비아의 산타마리아 성당(Igrexa Santa Maria Iria Flavia)까지 가니 화살표가 나타난다. 순례자 대부분은 화살표가 지나는 길목이나 파드론 중심지에 있는 숙소 중 한곳을 이용하는데, 화살표는 성당을 옆으로 끼고 골목길을 따라 이리아 플라비아 성당 앞을 지나가게 되어 있다. 우리가 묵었던 파드론 기차역 옆의 숙소 근처에서는 보이지 않았지만, 여기에서부터는 화살표만 따라서 걸어가면 된다.

이리아 플라비아 성당은 갈리시아에서 가장 오래된 성당 중 한 곳으로, 세계에서 가장 먼저 만들어진 마리아 성당이라고 한다. 이 성당은 파드론 성당처럼 오랜 역사만큼 참 많은 변화를 겪은 곳이다. 최초의 성당 건물은 기독교가 이 지방에 전파되면서 세워졌지만, 에스파냐 전역이 이슬람 세력에 점령되었던 10세기 말(997년)에 이곳도 무어 족장 알 만수르(Al-Mansur)의 군대에 의해 파괴되었다. 그 후 이슬람의 지배에서 벗어난 12세기에 겔미레스 대주교의 지시로 대대적인 건축공사가 진행되어 로마네스크 양식으로 재건되었고, 13세기에 확장되었으며 고딕 양

이리아 플라비아의 산타마리아 성당 전경

식의 첨탑이 만들어졌다. 그리고 13세기에 파드론 출생인 키토 주교에 의해 많은 부분이 바로크 양식으로 바뀌었다. 내부는 더 아름답다고 하는데 이곳을 지나갔던 두 차례 모두 문이 닫혀 있어서 들어가 보지는 못하고 영상으로 확인해보니 정말 화려하면서 아름다운 곳이다.

그리고 건축물의 변화와 함께 주목할 것이 이 성당의 광대한 묘지에 노벨문학상 수상자인 카밀로 호세 셀라(Camilo José Cela)[9]와 스페인의 위대한 시인이자 소설가 중 한 명으로 여겨지는 로살리아 카스트로(Rosalía de Castro) 두 명의 무덤과 묘비가 있다는 사실이다. 카밀로 호세 셀라는 처음으로 이리아 플라비아 후작의 칭호를 부여받은 인물이기도 하다. 로살리아 카스트로는 그녀의 유지에 따라 이곳에 묻혔으나 나중에 산티아고의 산토도밍고 데 보나발에 있는 판테온으로 옮겨지고 이곳에는 묘비만이 남아 있다.[10] 산티아고 길의 화살표는 성당 뒷벽을 따라가게 되어있는데, 이 길을 걸으면서 벽 너머로 묘비를 볼 수 있다. 그리고 파드론 기차역 옆에는 로살리아 카스트로 박물관이, 이리아 플라비아 성당 정면의 큰 도로 바로 건너편에는 카밀로 호세 셀라 박물

9

1916년 5월에 출생해 2002년 1월에 사망했다. 1942년 소설 『파스쿠알 두아르테 가족』으로 데뷔했으며, 1995년에 세르반테스상, 1989년에 노벨문학상을 받았다. 1957년에 스페인 한림원 종신회원이 되었다.

10

1837년 2월에 출생하여 1885년 7월에 사망했다. 산티아고 데 콤포스텔라의 중심부에 있는 알라메다 공원에 그녀에게 헌정된 기념비가 세워져 있으며, 산티아고 데 콤포스텔라 공항이 2020년 3월 12일 그녀의 이름을 따서 '산티아고 로살리아 데 카스트로 공항'으로 변경되었다. 그리고 유로로 바뀌기 전인 2002년까지 통용되었던 스페인 화폐, 500페세타 지폐의 인물이기도 하다.

관이 있다.

그런데 비가 그칠 생각을 않는다. 오히려 빗줄기가 점점 강해져서 판초로 덮고 있어도 등 뒤의 작은 배낭이 조금씩 젖어가는 것 같아 신경이 쓰였다. 비를 피할 수 있는 길갓집의 처마 아래에서 가지고 있던 비닐로 배낭 안의 물건들을 둘둘 말아서 넣고 그 위에 판초를 입고 다시 걸었다. 비가 오니 순례자들도 많지 않았기에 드문드문 보이는 사람들이 반가웠다. 아침에 출발하면서부터 앞서가던, 상당히 화려한 복장을 하고 영어가 아닌 언어(아직 스페인어와 포르투갈어를 들어도 구분이 안 된다.)를 사용하는 두 명의 중년 부인은 중간에 헤어졌다가 만났다가를 반복했다.

오늘의 구간은 큰 도로인 N-550 도로를 수시로 횡단하거나 도로를 따라 걷는 곳이 많다. 이리아 플라비아 성당을 지나서 약 40분가량은 크고 작은 도로를 따라 걷는다. 그런데 도로변에 거리 표지석이 세워져 있는데, 갈리시아 지방으로 들어오면서부터 표지석의 거리 표시가 계속 마음에 걸렸다. 지금 이곳에는 'km 23,710'이라고 적혀 있는데, 이대로 읽으면 앞으로 2만 3천km 이상이 남았다는 말이다. 포르투에서 산티아고까지 255km, 프랑스 길도 800km다. 도저히 말이 안 된다. 표지석을 볼 때마다 혼

남은 거리가 'km 23,710'이라고 적혀 있는 표지석

타리오의 빨래터(위), 전형적인 농촌 마을 길(가운데, 아래)

란스러웠는데 갈리시아 지방에서는 '23.710'을 이렇게 적는 것 같다. 그러니까 앞으로 남은 거리는 23,710km가 아니라 23km인 것이다. 그렇게 이해하고서도 표지석이 나올 때마다 또 헷갈린다. 어릴 때부터의 교육의 결과다.

표지석을 지나 두 개의 도로가 교차하는 큰 원형 교차로와 교외에서 생뚱맞게 커 보이는 호텔 스칼라(SCALA)를 지나면서부터 시골길로 접어드는데, 여기서부터는 걷기 좋은 밭길과 마을 길이 당분간 이어진다. 시골길로 접어들어 30분 정도의 지점에서 앙증맞고 예쁜, 작은 빨래터가 맞아준다. 타리오(Tarrio)라는 지방에 있는 이 빨래터는 사르강으로 흘러가는 개천인 레고 데 타리오(Rego de Tarrío)의 물을 이용하고 있다.

오래된 오레오들과 낡은 담벼락들, 그리고 옥수수밭과 포도밭 길이 이어지는 전형적인 농촌 마을 길을 걷다가 음수대와 빨래터가 있는 빌라르(Vilar)를 지나면 금방 큰 도로 N550과 마주친다. 이곳에서 진행 방향으로 에스크라비튜데 성당(Igrexa da Escravitude)의 첨탑이 멀리 보인다. 에스크라비튜데(Escravitude)는 파드론에서 5km 거리에 있는데, 기차역 바로 앞 도로에서 곧바로 성당으로 올라가는 계단이 보인다. 이 길에서는 드물게 통행량이 많은 큰 도로가 바로 성당 입구로 이어지는 곳이다.

기차역과 성당 주변에 몇 군데의 바르와 알베르게도 있다. 앞으로 매고 있는 가방도 젖어 가는 것 같아 기차역 앞에 있는 바르, 리앙세이라(Café - Bar Rianxeira)에서 비닐을 찾아서 씌웠다. 시계를 보니 10시 25분

음수대가 있는 빌라르의 빨래터

이다. 출발하고 2시간 가까이 비를 맞으면서 걸었다. 판초 안으로도 빗물이 조금씩 스며들어 오는데 비는 그칠 기미가 보이지 않는다. 나름 여분의 비닐을 많이 준비했다고 생각했는데 계속해서 내리는 비에 대비할 정도는 챙기지 못한 것 같다. 오늘은 날씨가 안 좋아서 그런지 유독 호텔 프런트에 맡기는 배낭이 많더니 산티아고로 향하는 사람들 대부분이 작은 배낭만 메고 간다. 게다가 그 수도 많지 않다.

에스크라비튜데 성당

그런데 에스크라비튜데 성당이 있는 곳의 정식 명칭은 '에스크라비튜데 성모 성역(Santuario da Nosa Señora da Escravitude)'이다. 이 명칭은 16세기에 만들어진 '성스러운 분수' 혹은 '성스러운 샘'이라고 불리는 분수에 그 기원이 있다. 전해오는 이야기에 따르면 1582년에 크루세스(Cruces)의 교구 사제가 폭풍우에 넘어진 나무에 깔려 거의 죽을 뻔했는데 성모 마리아께 기도를 드린 덕분에 무사할 수 있었다. 사제는 감사하는 마음으로 아기 예수를 안고 있는 성모 마리아 석상을 조각하도록 해서 지금 있는 분수 위에 설치했다. 그로부터 150년 후인 1732년에 산티아고로 순례를 가던 한 병자가 이곳 분수의 물을 마시고 성모 마리아께 도와주시기를 간청했는데 3일 후에 병이 나았다. 이 일이 있고 난 후 많은 병자가 치유 받기 위하여 이곳을 찾아왔고, 그들의 기부금으로 성당이 세워졌다. 성당 내에는 이러한 과정들을 나타내는 벽화와 조각들이 있다고 한다. 성당 정면 입구와 정원의 돌 십자가에도 아기 예수를 안고 있는 성모상이 조각되어 있다. 그리고 기적의 분수는 위치에 관한 설명이 없어 정확하지는 않지만, 도로에서 성당으로 올라가는 계단 아래에 있는 샘물이 그것인 것 같다.

바르 리앙세이라에서 잠시 쉬면서 복장을 재정비하고 화살표를 따라 성당 계단 위로 올라갔다. 화살표는 이 계단을 올라가서 성당을 끼고 돌아서 언덕길을 올라가도록 표시되어 있지만, 계단을 올라가지 않아도 조금만 가면 언덕길로 올라가는 샛길에도 화살표가 있으니 그 길을 이용해도 된다. 여기서부터는 아 피카라냐(A Picaraña)까지 약 3km를 마을 길과 포도밭 사잇길을 따라서 걷기 좋은 길이 이어진다. 파라메요(Faramello)에서 잠시 N550 도로를 따라 걷지만 금방 다시 도로를 벗어나게 된다.

캐런, 데이비와 12시에 테오(Teo)에서 만나자고 했는데 그 시간에 나는 파라메요에 있는 바르, 오 알펜드레 두 카미노(O Alpendre do Camino)에 도착했다. 이 구간에는 도로를 따라 군데군데 바르가 있다. 그런데 지도를 보니 두 곳 사이의 거리가 너무 멀리 떨어져 있어 안 되겠다고 하며 내일 산티아고에서 만나자고 메일을 보냈다. 비가 계속 쏟아져서 핸드폰을 꺼내 볼 수조차 없었는데 그때 우리가 같은 장소에 있다고 바로 답장을 보내온 것을 나중에야 확인할 수 있었다.

사실 나는 상당히 아날로그적인 사람이어서 세계인들이 즐겨 사용하는 SNS는 할 줄 몰랐다. 유일하게 사용하는 카톡은 한국인들끼리만 소통할 수 있다. 그래서 캐런과 데이비 두 사람은 서로 SNS로 연락하는데 나와는 메일을 주고받았기 때문에 즉각 확인하고 답장하는 게 어려웠다. 다음에 다시 갈 때는 반드시 현대 문물(?)에 익숙해져야겠다. 그리고 이날은 화살표를 따라서 걷더라도 지도를 수시로 확인할 필요가 있으므로 핸드폰을 감싸는 투명하고 튼튼한 비닐 커버가 꼭 필요함을 절실히 느낀 날이었다. 경험으로 핸드폰용으로 만들어진 비닐 커버보다 냉장·냉동을 위한 주방용 비닐이 사용하기에 더 편한 것 같다.

파라메요에는 길에서는 좀 많이 떨어져 있지만, 산티아고 순례길에 있어서 중요한 의미가 있는 카스트로 루파리오(Castro Lupario)가 있다. 카스트로 루파리오는 지명에서도 연상되는 것처럼 파드론의 카르멘 샘에 새겨져 있던 루파 여왕이 살았던 성(城)이 있었던 곳으로, 야고보 성인의 제자들이 와서 시신을 매장할 수 있게 해달라고 간청했던 곳이기도 하다. 그리고 황소의 기적 이후 이곳에서 가까운 곳에 시신을 묻었다고 한다. 지금도 남아 있는 성채의 흔적은 2009년 12월에 문화재로 지정되었다. 하지만 이곳을 들러서 간다면 지도에서 보듯이 2시간이 더 소요되므로 보통은 카스트로 루파리오는 그 의미만 새기고 통과한다.

비를 피하면서 잠시 쉬었던 바르의 맞은편에 흡사 서낭당의 오색 띠 같은 것들을 주렁주렁 매달아 놓은 바르가 보인다. 다른 곳에서는 볼 수 없었던 독특한 광경이다.

그리고 이곳에서 다시 한국인 무리를 만났다. 이들은 마치 도깨비처럼 잠시 같이 걷다가는 안 보이다가 다시 어느 지점에서 갑자기 나타나고는 한다. 지나가면서 내가 앉아 있는 바르가 아니라 다른 곳이라고 자

카스트로 루파리오까지의 안내도(위), 현재의 카스트로 루파리오 [출처 : 로이스시 의회(Concello do Rois)]

기들끼리 이야기하는 소리가 들렸다. 아마도 이 근처의 어느 지점에서 걷다가 모이기로 한 모양이다. 오렌지 주스와 조각 케이크를 시켜놓고 앉아 쉬면서 몇 차례 지나는 길에 눈인사했던 H 여행사 안내자와 처음

파라메요의 한 바르에서 비를 피하면서 본 바깥 풍경

으로 인사를 나누었다. 원래는 생장 길을 안내했다고 하는, 인상이 시원시원한 젊은 여성이었다.

파라메요에서 약 1km를 걸어가면 마을 공터 같은 곳에 마치 우리네 마을 보호수 같은 큰 나무 옆에 보기에도 오래되어 보이는 돌 십자가와 산마르티뇨 경당(Capela do San Martiño)이 나타난다. 그 앞에 세워놓은 안내문에 따르면 이 경당과 돌 십자가는 16세기에 만들어진 것으로, 산티아고의 오랜 공립병원 시설의 일부였다고 한다. 경당과 돌 십자가 사이에 재미있는 인형들을 장식한 독특한 건물이 있는데 그 용도가 궁금해 찾아보니 'Gecotop'이라고 하는 원예 관련 업종을 전문으로 하는 일종의 사회적 기업이었다. 이렇게 화살표는 경당에서 돌 십자가, 그리고 Gecotop으로 둥글게 돌아 마을을 벗어난다.

숲길과 마을 길을 번갈아 걸어가는 걷기 좋은 길이기는 하지만 비는

16세기에 만들어진 산마르티뇨 경당(위)과 돌 십자가, 그리고 Gecotop(아래)

잦아들 기미가 보이지 않고 판초를 입어도 그 안으로 비가 스며들어 옷이 다 젖었을 뿐 아니라 신발 안에도 물이 흥건하게 고였다. 어제 산 짧은 비옷을 안에 하나 더 입었더라면 좋았을 텐데, 그렇게나 많이 넣고 다녔던 비닐 팩을 오늘따라 왜 덜 가지고 나왔는지, 방수되는 핸드폰 케이스가 있으면 좋겠는데…, 정말 온갖 생각이 다 난다. 옷이 다 젖으니 몸이 오슬오슬 떨린다. 그런데 택시를 부를 장소마저 마땅치 않다. 도저히 견딜 수 없어 2시경 지나가게 된 마을에 있는 바르 간판을 보고 그곳에서 택시를 부르려고 마을 쪽으로 갔는데 문 열린 바르도 없고 인적도 없다. 이럴 때 바르가 열려 있으면 그곳에서 호출하면 되는데. 겨우 핸드폰을 꺼내서 앱으로 택시를 호출하려고 하니 서비스 지역이 아니란다. 정말 울며 겨자 먹기로 다시 카미노 길 쪽으로 발길을 돌리는데 그저께 캐런들과 같이 저녁을 먹었던 '준열이 친구' 일행이 내가 길을 잘못 든 줄 알고 그쪽으로 오라고 부른다. 솔직히 순간순간 택시를 타고 싶은 유혹을 느낀 적은 있었지만, 이때만큼 절실했던 적은 없었다. 그래도 함께 걸을 사람들이 있으니 그나마 마음이 놓이는 순간이었다.

그렇게 그 일행들과 앞서거니 뒤서거니 하면서 다시 숲길과 마을 길을 걷다가 같이 걷던 사람들이 비를 피해서 버스 정류장 처마 밑에서 잠시 쉬는 것을 보고 혼자서 앞으로 걸어 나갔다. 급기야는 비가 오다 못해 싸라기 같은 작은 우박까지 내린다. 바람도 불고 너무 춥다. 참고로, 오늘은 6월 6일이다. 그렇게 무거워진 발걸음을 옮기고 있는데 남녀 네 명의 젊은이들이 서로 환호성을 질러가며 정말 날듯이 나를 스쳐 지나가 버린다. 젊음이란 참 좋은 것이다.

그렇게 카사롱가 사거리를 지나 바로 시작된 숲길을 약 4km 정도 걷고 나면 도회지의 외곽지대로 보이는 주택가 도로를 따라 한참을 걸어가야 하는데, 번화한 도회지로 들어갈수록 화살표가 점점 줄어들어 주의가 필요하다. 갑자기 번화한 거리가 시작되어서 혹시 이곳이 산티아고가 아닐까 하는 기대도 했지만, 산티아고로부터 약 8km 이전에 있는 큰 도시 밀라도이로(O Milladoiro)였다. 도로변에 상당히 규모가 큰 카페테리아, 카사 다 쿨트라(Cafeteria Casa Da Cultura)가 있는데, 순례자들이 너무 많이 모여 있어서 발 디딜 틈조차 없었다. 이곳에 다들 앉아서 흠뻑 젖은 옷의 물기를 짜고 따뜻한 차를 마시면서 비가 그치기를 기다리고 있었다.

하지만 비는 그칠 기미가 보이지 않고 나는 앉을 자리조차 찾지 못해 화장실만 이용하고 다시 걷기 시작했다. 카페테리아를 나와 큰 도로를 따라가다 보니 도로가 끝나는 지점에 대형 슈퍼마켓이 있었다. 그곳에서 필요한 비닐을 사려고 들어갔는데 적당한 것을 찾지 못하고 나와서 다시 도로를 따라 한참 걸어가니 산길이 시작된다. 그다지 길지 않은 산길과 몇 개의 마을을 지나고 마지막 굽이를 도니 드디어 저 아래로 산티아고 시내가 보인다. 날씨만 좋았으면 환호성을 질렀을 텐데, 춥고 온몸이 다 젖어 지칠 대로 지쳐버렸다. 방수되는 고어텍스 등산화도 온종일 오는 비에는 아무런 소용이 없었다. 설상가상으로 시내에 들어서니 화살표가 사라져버렸다. 나중에 대성당이 가까워지니 하나씩 보이기 시작했지만, 시내에서는 상당히 당황스러웠다. 걷다가 목마르거나 배고프면 먹기 위해 비상식량으로 납작 복숭아를 들고 왔지만 먹고 싶지도 않고 먹을 장소도 없었다. 그래도 복숭아를 씻어서 담아왔던 비닐이 있어서 다행이라고 생각하면서 핸드폰에 비가 들어가지 않게 비닐로 둘둘 말아서 지도를 보려고 하는데, 영 제대로 보이지도 않고 안내 소리도 들리지 않는다. 대략, 난감이다!

산티아고는 생각보다 규모가 큰 도시인데 포르투갈에서 들어가는 길

알베르게 세미나리오(위), 세미나리오에서 내려다보는 산티아고 구시가지와 대 성당의 종탑(아래)

의 초입부는 넓은 도로와 주택가로, 이렇게 궂은날에는 길을 지나가는 사람조차 많이 없었다. 길을 모르니 비를 피할 수 있는 곳만 나타나면 비닐을 벗겨 방향을 확인했는데, 핸드폰이 빗물에 조금씩 젖어가 걱정이 된다. 예약해둔 알베르게 세미나리오 메노르(Seminario Menor)가 대성당 근처라는 것만은 기억하고 있었으므로 지나가는 사람들에게 대성당의 방향을 물어보면서 찾아갔다. 순례 완료증을 받는 것보다 알베르게 도착이 더 급했다. 그렇게 산티아고 시내에 들어가서도 40분 이상을 걸었던 것 같다. 겨우 도착한 알베르게에는 체크인 절차를 기다리는 줄이 길었다.

그런데 몸은 오슬오슬 떨리는데 줄이 줄지를 않는다. 게다가 기다리면서 아무리 봐도 나보다 먼저 와 있어야 할 배낭이 보이지 않는다. 이제까지는 보이는 위치에 배낭이 놓여 있었는데 안 보이니 어제 데이비의 경우처럼 배낭이 도착하지 않은 것은 아닌지, 순례자 카페에서 읽은 것처럼 배송비만 누군가가 가져가 버려 배송업체에서 배송을 거부한 것은 아닌지 은근히 걱정되기 시작했다. 캐나다인인 데이비는 업체에 연락해서 호텔로 배낭이 오도록 할 수 있었지만, 그렇게까지 고급 영어를 할 줄 모르니 온갖 것이 다 걱정된다. 게다가 추워서 온몸이 떨려 다른 아무것도 할 수 있는 상태가 아니었다. 그런데 다행스럽게 내 차례에서는 미리 예약이 되어 있었기 때문에 비교적 빨리 절차가 끝났다. 배낭이 배달되었는지 물으니 직원이 직접 열쇠를 들고 앞의 방으로 가서 보관해둔 배낭을 꺼내 주었다. 안도감과 함께 안전하게 보관해주는 성의에 감사함을 느끼며 정해진 방을 찾아가는데 알베르게의 규모가 상당히 크다. 이곳은 원래 대단히 규모가 큰 신학교였다. 귀국해서 다시 검색해보니 홈페이지에 여러 나라의 언어로 안내하고 있는데 그중에는 우리말도 있었다.

알베르게에는 다인실과 개인실이 있는데 나는 개인실을 택했다. 그런데 방문을 여는 순간 너무 낡고 좁은 방에 충격을 받을 정도였다. 그래도 우선 젖은 몸을 씻는 게 급해서 샤워실로 가는데 건물이 너무 넓어서 찾기 힘들 정도였다. 겨우 씻고 내 방에 돌아와서는 젖은 옷도 세탁기에 돌릴 겸 지하의 공용공간에 가서 데워먹는 밥 하나와 컵라면을 사서 먹고, 그러는 사이에 다 돌아간 세탁기에서 세탁물을 꺼내 공동 건조대에 널어놓고는 가지고 간 침낭과 침대 위에 있는 담요로 따뜻하게 해서 감기약을 먹고 바로 잠이 들었다.

밤 10시경 잠이 깨서 그제야 다시 방 안을 둘러보니 신학생들의 방이 이랬구나 하는 생각에 낡고 좁은 방이 가진 의미에 대해서 생각하게 된다. 이렇게 수많은 방이 있을 정도로 한때는 활기찬 대규모의 신학교였던 곳이 이제는 알베르게로 사용된다. 원래가 많은 수도원에서 순례자들에게 숙소를 제공했다고 하지만 이곳은 아예 그 많던 신학생 대신에 순례자들을 위한 장소로 변해버렸다. 시대의 변화를 피부로 느낄 수 있는 곳이다. 창밖으로 보이는 구시가지가 아름답다. 멀리 대성당의 종탑이 보인다.

13

Camino Portuguese Central

산티아고 데 콤포스텔라(Santiago de Compostela)의 3일

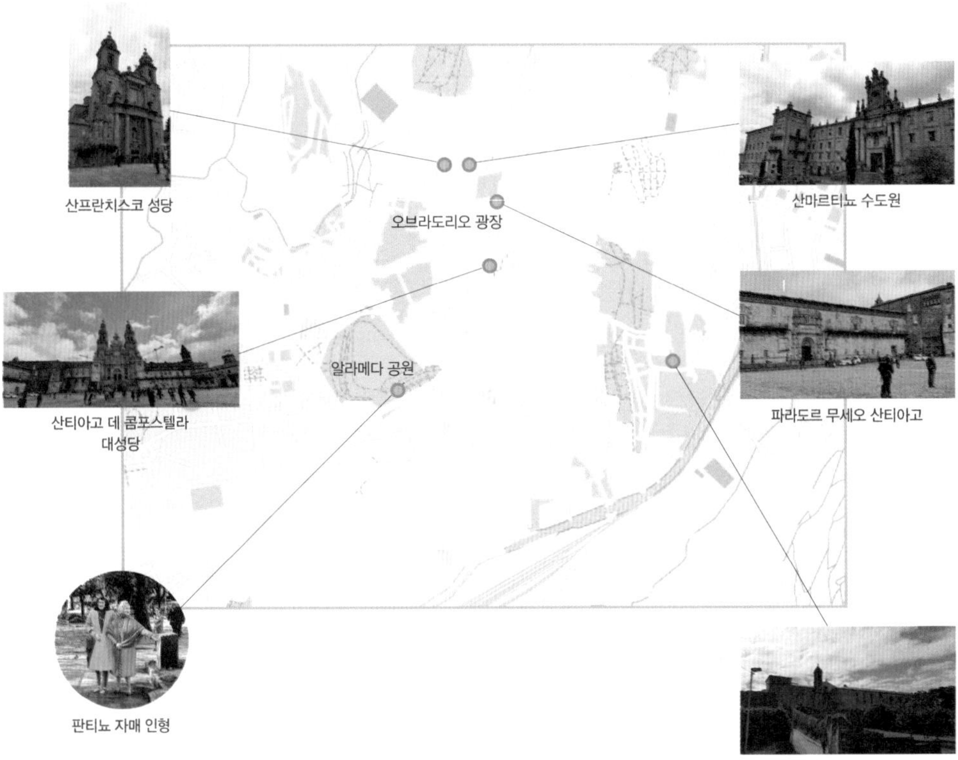

산티아고 데 콤포스텔라(Santiago de Compostela)의 3일

13

Finish

전날 비를 맞으면서 너무 무리했기 때문에 조금 늦게까지 자고는 순례자 증명서(콤포스텔라)를 발급받기 위하여 8시 40분경에 순례자 사무소에 도착했다. 순례자 사무소는 8시부터 시작하는데 먼저 온 사람들로 이미 상당히 긴 줄이 이어져 있었다. 헤아려보니 직원도 12명이나 있었지만 거의 1시간을 기다려야만 했다. 이때는 나처럼 전날 비를 맞으면서 걸어온 사람들이 바로 오지 못하고 다음 날 아침에 왔기 때문일 것이라고 짐작했는데, 비가 오지 않았던 11월에도 긴 줄은 마찬가지였다.

드디어 내 차례가 되었다. 어디에서부터 걷기 시작했는지를 묻고 순례자 여권을 확인한 후 순례자 증명서만 필요한지, 거리 확인서도 필요한지 묻는다. 물론 두 개 다 해달라고 했다. 그것을 들고 다른 직원에게

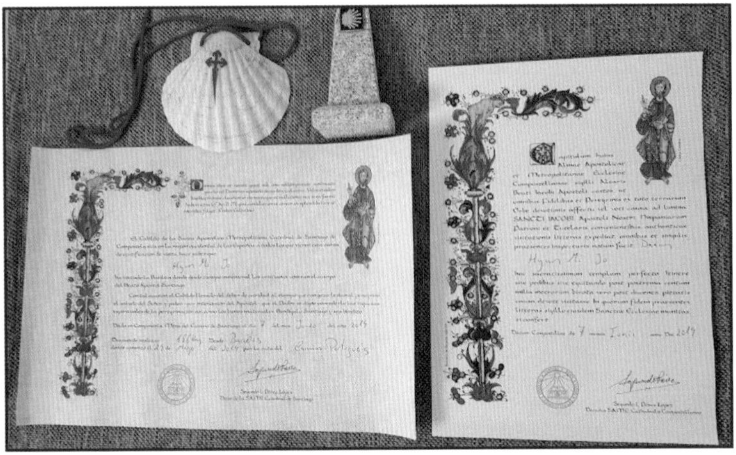

순례자 증명서(콤포스텔라)와 거리 증명서. 조가비와 거리 표지석 기념품

가서 대금을 내는데, 그 자리에 기념품들도 있었다. 거기 그 자리에서 뭔가 한 가지 사고 싶었다. 둘러보니 끝까지 하나만 보고 걸었던 그것, 화살표가 새겨진 표지석이 있었다. 기념품 6유로, 콤포스텔라는 무료였지만 거리 증명서가 3유로, 케이스 2유로, 합계 11유로였다. 참 이런 것까지 기록하나 싶지만 소중한 경험을 기억해두고 싶었다.

캐런과 데이비가 자기들은 9시 반부터 인터내셔널 순례자 미사에 참석한다면서 미사에서 만나자고 했는데 어느새 9시 40분이 되었다. 이 미사는 대성당에서 열리는 순례자들을 위한 미사와는 다르다. 순례자 사무소 앞에서 안내하시는 분에게 미사 장소를 물으니 바로 여기, 이 건물이란다. 다행이다. 하지만 미사 시간이 이미 10분이나 지났으므로 망설이고 있는데 밖이 시끌벅적해서 미사에 방해가 되었던지 신부님이 나오셔서 손으로 "쉿!" 하신다. 그런데 내 표정을 보더니 지금 들어오라고 손짓을 해주셔서 감사한 마음으로 들어갔더니 문 열리는 소리에 데이비가 돌아보고 반가워한다. 미사에서는 자신들의 걷게 된 동기와 걸으면서 느낀 점을 나누고 있었다. 미사가 끝난 후 간단한 다과가 준비된 위층에서 자유롭게 환담하라는 공지가 있었지만, 캐런과 데이비가 숙소를 옮기기 위해 바로 호텔로 가야 한다고 해서 세 명이 순례자 사무소 앞의 카페에서 간단한 브런치를 하고 헤어졌다.

두 사람은 전날 '파라도르(Parador, 230쪽 참조)'에서 묵었다. 파라도르는 역사적 건축물을 보존할 목적으로 고성(古城)이나 수도원 등을 개조한 스페인의 공공 숙박 시설인데, 이곳의 파라도르는 예전의 왕립병원이었던 곳으로 고풍스러운 내부 건축구조를 그대로 살린 5성급 호텔이다. 캐런은 다음 날 아침 일찍 떠나야 하므로 다음에 다시 만날 것을 기약하고 헤어졌다. 그리고 데이비는 내일 저녁에 내가 있는 알베르게로 옮겨오기로 했다. 그러고 보니 데이비는 산티아고에서의 첫날은 최고급 5성급 파라도르에서, 둘째 날은 호텔에서, 셋째 날은 나와 같이 알베르게에서 묵었다. 다양한 숙소 체험인 것 같다. 파라도르와 비교하면 낡아도 지나치게 낡고 좁은 방을 보면 실망할 것 같아 혹시라도 숙소를 바꿀 마음이 있으면 바꾸라고 방이 "too old"라고 몇 번이나 말했지만, 데이비는 신학생들의 숙소였으니 당연하다고 했다.

두 사람과 헤어진 것이 11시 반경이었던 것 같다. 순례자 사무소부터 가기 위해 대부분이 목적지에 도달한 첫 기념사진을 찍는 장소인 오브

오브라도리오 광장에서 보는 산티아고 데 콤포스텔라의 대성당(대성당 왼쪽 건물이 파라도르)

라도리오 광장(Praza do Obradoiro)을 그대로 스쳐 지나갔기에 먼저 광장으로 갔다. 순례자 사무소는 오브라도리오 광장 옆 골목에 있다. 갈리시아에서 가장 큰 광장 중 하나인 오브라도리오 광장은 산티아고 데 콤포스텔라를 상징하는 주요 명소로, 광장의 네 측면의 고건축물들에서 서로 다른 건축양식과 이곳의 다양한 생활 양상을 엿볼 수 있다.

대성당이 가장 잘 보이는 광장의 한쪽에 앉아서 성당 건물을 마음과 사진에 담은 후 대성당으로 갔다. 대성당은 공사 중이어서 군데군데 가려져 있거나 철망으로 막아놓고 있었고, 그 유명한 대향로, 보타후메이로(Botafumeiro)도 공사하는 철망 사이로밖에 볼 수 없었지만 그래도 볼 수 있다는 것만으로도 좋았다.

주 제단에는 사도 야고보상이 있는데 대부분 순례자는 그 뒤로 나 있

오브라도리오 광장에서 보는 산티아고 데 콤포스텔라의 대성당

는 계단을 올라가서 야고보상의 어깨에 손을 얹고 기도한다. 이곳은 촬영 금지 구역이므로 내려와서 공사 중인 철망 사이로 사진을 찍어봤지만 제대로 찍히지 않는다. 그리고 지하 경당으로 내려가면 야고보 성인의 유해를 모신 성해함(聖骸函)을 볼 수 있다.

그다음에 들어간 곳은 산티아고 대성당 박물관(Museo de la Catedral)으로, 입구로 들어가면 먼저 박물관의 건축 재료와 소장품 전시실, 발굴 현장 등등을 전시하고 있다. 귀국해서 박물관 내용을 확인하기 위해 인터넷을 뒤지니 순례자 인증서를 보여주면 입장료가 반값이란다. 모르면 이렇게 돈을 더 쓰든지 몸이 피곤하게 되어 있다. 여하튼, 박물관에는 산티아고 성당의 가장 큰 배경이 되는 야고보 성인에 관한 조각과 관련 내용이 상당히 많이 전시되어 있었고 순례자들에 관한 다양한 자료들도 전시되어 있었는데, 내게는 건축의 웅장하면서도 정교함, 그리고 바깥으로 보이는 성당 앞 광장과 순례자들, 대성당의 지붕과 간간이 성당 건물을 바로 옆에서 볼 수 있는 점이 상당히 인상에 남았다.

다음 날은 알베르게에 비치되어 있던 안내서를 보고 1일 근교 버스 투어를 신청해두었다. 목적지는 피니스테라(Finisterre)와 묵시아(Muxia)로, 산티아고까지 걸어온 많은 순례자가 순례증을 받고도 순례를 더 계속하기 위해 땅끝까지 가는 곳이다. 원래 나의 목적지는 이 두 곳이었지만 버스 투어에서는 갈리시아 지방의 관광명소 세 곳을 포함해 하나의 패키지로 묶어서 진행하고 있었다. 이 두 곳만을 가고 싶은 경우에는 시외버스를 이용하면 된다. 사실은 며칠 전까지만 해도 여기까지 걸어가고 싶었지만 산티아고까지 들어오는 마지막 날이 너무 힘들어서 결국 끝까지 걷는 것은 포기하게 되었다. 피니스테라와 묵시아를 포함한 근교 투어는 하루 만에 의미 있는 곳과 아름다운 풍광을 즐길 수 있는 멋진 일정이었지만 여기서는 상세하게 언급하지 않고, 다음에 예정하고 있는 리스본에서부터의 일정에 이 길을 직접 걷고 난 후에 적으려 한다.

근교 버스 투어를 마치고 온 날 저녁에 데이비가 내가 묵고 있는 알베르게로 왔다. 그녀는 새벽에 떠나는 캐런을 공항까지 배웅해주고 서운함에 밤새 잠을 자지 못했다고 한다. 두 사람은 이 길을 걸으면서 처음 만나서 끝까지 함께 했다. 그리고 다음 날 아침에 데이비도 떠났다. 그녀는 포르투 근처의 한적한 어촌에서 3일 정도 쉬었다가 귀국한다고 했다. 떠나는 데이비를 현관 앞까지 배웅하면서 택시를 기다리는데, 이제는 정말 완전히 헤어진다는 실감이 들었다. 데이비는 어제도 계속 캐런이 그립다고 했었다. 그리고 오늘 나와도 헤어지니 슬프다면서 기념사진을 찍자고 했고, 찍은 사진을 이동하면서 바로 내게 보내왔다. 그렇게

데이비와 알베르게 현관 앞에서

이번 순례길에서 만난 소중한 인연들과 작별을 고했다. 다음에 어떤 루트이든 다시 이 길을 걸을 때 우연히 만날 수 있기를 기원하면서….

데이비가 떠난 후 12시 순례자 미사까지는 여유가 있어 알베르게 주변을 산책했다. 알베르게는 원래가 신학교였던 곳이고, 그 바로 옆에는 벨비스 수도원(Convento de Belvis)이 있는데, 그 수도원 역시 인적이 느껴지지 않았다. 그리고 수도원 앞이 벨비스 전망대(Mirador de Belvis)로, 이곳에서 바라보는 산티아고의 전경은 정말 아름답다. 한때는 수도승들과 신학생들의 활발한 담소의 자리 역할을 했을 벨비스 전망대에 있는 긴 돌의자는 또 하나의 아름다운 실용 건축물이다.

11시경에 다시 산티아고 대성당 앞에 도착했다. 오늘 도착한 순례자들이 대성당 앞에서 기념사진을 찍고 있는 모습들이 보인다. 특히, 자전거를 탄 순례자 그룹이 눈에 띈다. 걸으면서 이들을 볼 때마다 느꼈지만 이 길은 도보보다 자전거가 훨씬 더 힘이 들 것 같았다. 그러기에 목적지에 도달한 이들의 기쁨도 그만큼 크지 않을까? 광장으로 들어오던 한 한

벨비스 수도원(위), 벨비스 전망대에서 바라본 산티아고의 주택가와 산티아고 대성당(아래)

국인 순례자가 누군가를 발견하고 한국말로 감탄사를 연발하고는 큰 소리로 이름을 부르면서 달려가 얼싸안고 눈물을 흘리는 장면이 눈에 들어왔다. 그 장면을 주위의 사람들이 미소를 지으면서 보고 있었다. 역시 광장은 만남의 장소다. 나도 도중에 몇 차례나 스쳐 지나갔던 사람들과 반갑게 눈인사를 나누었다.

대성당이 공사 중이어서 순례자 미사는 대성당 뒤편에 있는 산 프란

순례자 미사가 있었던 산 프란치스코 성당(위), 산 프란치스코 성당 중앙 제대(아래)

치스코 성당에서 있었고, 많은 순례자가 함께했다. 당연히 보타푸메이로(Botafumeiro)는 없었지만 없으면 어떤가, 이 자체로서 충분히 감격스러운데.

CAMINO NOTE -3

산티아고 데 콤포스텔라 *Santiago de Compostela*

파드론에 도착한 사도 야고보의 제자들은 일련의 기적 과정을 거친 후 루파 여왕에게 허락을 구하여 사도의 시신을 매장했다. 정확한 연도는 알 수 없으나 야고보 사도가 44년에 순교하였으니 매장된 것도 이즈음일 것이다. 하지만 오랫동안 정확한 매장 장소가 알려지지 않고 있다가 813년에 별빛에 이끌려 온 한 은수자(隱修者)에 의해 사도의 시신이 발견되었고, 그 자리에 대성당이 건립되었다.

그런데 자료에 따라서는 829년에 이리아 플라비아(파드론)에 첫 성당이 세워졌다가 해적들의 약탈로 도시가 파괴되면서 파드론 북쪽에 있는 콤포스텔라로 유해와 성당을 옮길 필요성이 대두되었고, 레온의 알폰소 3세의 명령에 따라 879년 로마네스크 양식의 성당이 세워지니, 이것이 산티아고 데 콤포스텔라 대성당의 전신이라고 하는 기록도 있다. 즉, 유해가 발견된 곳에 세워진 대성당으로서의 산티아고 데 콤포스텔라 대성당과 원래의 장소에서 현재의 장소로 이전된 곳으로서의 대성당의 두

가지 설이 있는데, 그중 전자가 더 널리 알려져 있다. 그리고 별빛에 이끌려서 온 은수자에 의해 발견된 유해에 관한 전승으로 '별들의 들판'이라는 뜻의 콤포스텔라(Campus Stellae)와 성 야고보 사도의 스페인 이름인 산티아고(Santiago)가 합해져서 현재의 지명이 되었다.

산티아고 데 콤포스텔라에 관한 정보는 정말 많은 책과 인터넷에서 흘러넘쳐 날 정도인데, 그중에 특히 홍사영 신부님이 저술한 『산티아고 길의 마을과 성당』(2015)에서 해당 부분에 대한 설명과 인터넷 사전을 참고하면, 이곳에 성당이 축성될 무렵 베네딕토회 수사들과 이주민들이 성당 주변에 정착했고, 점차 이베리아반도와 유럽 전체에서 순례자들이 모여들기 시작했다. 이후 이슬람 세력의 침투로 건축물 대부분이 파괴되었지만, 다행히 사도의 무덤은 존중했기 때문에 파괴하지 않았다고 한다. 이후 디에고 헬 마레스 주교의 정치적 협력으로 1075년부터 시작된 대성당 공사가 1211년에 로마네스크 양식으로 완공되었다. 그리고 18세기에 바로크 양식으로 화려하게 장식되었다.

산티아고로 들어가는 모든 순례자는 높이 솟아 있는 대성당의 첨탑을 향하여 나아간다. 그리고 킨타나 광장(Praza da Quintana de Vivos)에 도착하여 대성당을 마주하고 잠시 감격의 시간을 보낸 후, 측면을 돌아 오브라도리오 광장에서 무사히 순례의 여정을 마칠 수 있었음에 대한 나름의 기념의식을 행한다. 언덕 위에 높이 솟은 대성당을 바라보는 것만큼이나 오브라도리오 광장에 앉아서 대성당을 바로 눈앞에 두고 보는 것은 말로 표현할 수 없는 감동을 자아낸다. 킨타나 광장에서 보는 대성당의 동쪽 정면과 오브라도리오 광장에서 보는 서쪽 정면 모두 웅대하고 화려하다.

대성당에는 먼 길을 걸어온 순례자들로 꽉 찬 성당의 공기 정화를 위하여 대향로, 보타푸메이로에 향을 피워서 성당 전체에 향이 퍼지도록 하는데, 대향로가 마치 성당 전체를 날아다니는 것 같은 모습이 장관을 이룬다고 한다. 아쉽게도 공사 중이어서 나는 그 장면을 볼 수 없었다.

그런데 스페인의 야고보상은 크게 두 가지 형상으로 만들어졌다. 우리가 잘 아는 표주박과 지팡이를 든 순례자 형상과 성인의 이미지와는 전혀 거리가 먼, 백마를 타고 칼을 휘두르는 기사 형상의 야고보상이 그것이다. 기사 형상의 야고보상은 스페인의 역사와 관련이 있다. 무덤이 발견되기 약 100년 전인 711년, 이베리아반도는 아프리카 북부에 살던 무어족의 침략을 받고 불과 7년 만에 대부분 영토를 점령당하고 만다. 1492년 이사벨 여왕이 그라나다에서 무어족을 완전히 몰아내기 전까지 스페인은 약 800여 년 동안 국토 수복 전쟁, 즉 레콩키스타(Reconquista) 운동을 전개했다. 레콩키스타는 에스파냐어와 포르투갈어로 '재정복'을 뜻하며 우리말로는 '국토 회복 운동'으로 번역한다. 이는 우마이야 왕조의 이베리아 정복으로 잃어버린 가톨릭 국가의 영토를 회복한다는 의미다. 레콩키스타는 그리스도교를 바탕으로 이슬람교에 대항함으로써 종교적인 결속력을 다지는 기회였을 뿐만 아니라 민족의식이 희박했던 스페인 사람들의 정체성을 수립하는 기회이기도 했다. 이베리아반도에서의 레콩키스타는 지중해 서쪽에서 벌어진 십자군 전쟁이라고 할 수 있다.

아 카스트로의 동상이 있다.

이 넓은 공원의 하이라이트 중 하나는 '애즈 미라이어스(As Marias)'라고 불리는 동상으로, 대성당과 오브라도리오 광장 다음으로 사진에 많이 찍히는 명물이다. 확실하게 눈에 띄는 독특한 복장의 두 여성 판디뇨(Fandino) 자매를 조각한 이 작품은 공원의 랜드마크라 할 수 있다. 재봉과 자수로 생업을 이어가던 아르투로 판디뇨(Arturo Fandiño)와 콩셀로 리카르트(Consuelo Ricart) 자매는 매일 오후 2시가 되면 화려하고 활기찬 색의 옷을 입고 공원을 산책했다. 이 자매들이 산책할 때면 많은 사람의 이목을 끌었고, 사회적인 쟁점이 될 정도의 마스코트와 같은 인물들이었다. 평안한 삶을 살아가던 이들 가족은 쿠데타로 권력을 잡은 프랑코 세력의 탄압으로 1940년 이후 생계가 어려워졌으며, 자매들의 산책은 중단되었고 이들은 사람들에게서 잊혀 갔다. 그녀들의 형제가 전국노동연맹의 간부였다는 이유 때문이었다. 그러다가 1994년 그들을 기리는 동상이 세워지면서 사람들은 다시 관심을 가지기 시작했고, 관광객에게는 기념사진을 찍는 장소로 현지인들에게는 시위를 시작하는 장소가 되었다. 이들 자매의 산책이 자신들뿐만 아니라 생업에 종사하면서 지쳐 있었던 시민들에게 잠깐의 휴식과 함께 생의 활력을 찾아주는 의미를 제공했다는 점과 스페인 내전과 권력의 탄압에 대한 저항의 장소로서 의미를 부여해왔다는 점에서 조형물의 가치와 의미에 대해 다시금 생각하게 된다.

이렇게 박물관이나 공원이 아니더라도 대성당 주변의 구시가지를 어

알라메다 공원의 판디뇨 자매 인형

유롭게 둘러보는 것만으로도 아주 즐겁다. 나의 길면서도 짧은 순례를 무사히 마치고 전형적인 유럽 도시의 골목길인 산티아고 데 콤포스텔라의 구시가지를 걷고, 기념품을 사고, 맛있는 것을 먹으면서 순례길을 마무리한다. 이 역사 도시에는 정말 많은 볼거리가 있지만, 다음의 순례길을 기약하면서 여기서는 짧은 기간 동안 직접 둘러보고 마음에 남는 곳만 기록했다.

에필로그를 대신하여

글을 다 쓰고 보니 힘들었다는 말을 참 많이 한 것 같다. 걸으면서는 그토록 힘들었다고 했으면서도 다 걷고 난 후에는 무언가 모자란 듯한, 그래서 아쉽고, 그래서 더 걸어야만 할 것 같은 길이 이 길인 것 같다.

대부분 사람이 순례길을 떠나기 전에 마지막까지 고민하는 것 중 하나가 배낭 챙기는 일이다. 정말 심사숙고했음에도 불구하고 정작 걷다 보면 배낭 속에서 무엇을 버려야 할지 고민하거나 정말 필요한 데 가지고 오지 않아 후회하는 것들이 많다. 나 역시 3개월 이상 걸려서 온갖 정보를 모았지만 정작 걸어보니 시행착오가 많았다. 그래서 준비해갔던 것 중에서 쓸모없었던 것들은 빼고, 미리 준비해가지 못해서 후회했던 것들을 적어보았다. 물론, 필요한 물건은 개인에 따라 다를 수밖에 없으므로 여기 적은 것들은 순전히 나의 경험을 기준으로 최소한의, 짊어지고 다니기에 크게 무리가 없을 정도의 것들이다.

▶준비물

☞ 등산배낭, 등산화 혹은 트레킹화, 모자, 스틱, 슬리퍼, 침낭, 상비약, 선크림, 얇은 수건, 비닐(다양하게 사용할 수 있으므로 크기별로 넉넉히), 김장용 비닐 1~2장(온종일 비가 올 때는 비옷과 배낭 위에 걸치면 좋다), 비옷(판초), 세안용품 세트(칫솔, 치약, 샴푸, 린스, 클렌징 등. 나는 샴푸와 린스, 클렌징을 세숫비누 하나로 해결했다.), 옷핀, 바셀린, 빨래집게

☞ 의복 : 속옷과 티셔츠, 바지 각 1벌, 바람막이 겉옷, 얇고 가벼운 방한용 상·하의 1벌, 양말 2벌(걷다가 발이 아프면 중간에 한 번 갈아 신는 것이 좋다.)

☞ 핸드폰 관련 소품들(보조 배터리, 충전기)

☞ 핸드폰과 귀중품을 넣을 수 있는 가볍고 몸에 붙여서 다닐 수 있는 보조 가방

☞ 가볍고 부피가 작은 한국 안내 기념품 몇 개

☞ 안내 책자(부피가 작고 가벼운 것) : 핸드폰을 이용해서 필요한 정보를 찾을 수 있지만 역시 종이책이 더 편리할 때도 많다(물론, 세대 차가 있을 수 있다.).

▶알아두면 좋은 것들

☞ 등산배낭은 반드시 든든한 허리 고정 벨트와 물병을 꺼내기 쉬운 포켓이 있는 것이 좋다.

☞ 스틱 끝에 끼우는 장화처럼 생긴 고무. 이것이 있으면 마을 길을 걸을 때 소리가 나지 않아 주민들에게 소음 피해를 주지 않는다. 스틱 장화는 현지에서 쉽게 구매할 수 있다.

☞ 뒤에도 창이 있는 모자는 배낭을 멨을 때 불편하다. 나는 도중에 모자 뒤창을 옷핀으로 접어버렸다.

☞ 슬리퍼는 샌들 겸용으로 편안한 제품을 고른다. 장시간 비를 맞으면서 걸어야 할 때는 등산화에 고인 빗물에 발이 퉁퉁 붓는 것을 막아줄 뿐만 아니라 밤새 등산화를 말리는 수고를 하지 않아도 된다.

☞ 비옷은 배낭을 메고도 입을 수 있는 판초가 좋다. 하지만 비가 많이 올 때는 판초를 입어도 배낭과 옷이 다 젖어버리므로 귀중품은 비닐로 싸고 배낭에도 방수 덮개를 한 후 그 위에 판초 입기를 권한다. 김장용 비닐봉지를 판초 위에 덮어 입으면 방수는 거의 완벽하지만 답답함을 그 보상으로 감내해야 한다. 산티아고 길을 걸으면 대개가 한두 번은 온종일 비를 맞으면서 걷는 경험을 하므로 비에 대한 대비는 철저하게 하는 편이 좋다.

☞ 다니면서 필요한 지도 앱은 미리 내려받아 놓는다.

☞ 옷핀과 빨래집게는 의외로 사용 용도가 많으므로 넉넉히 가져간다.

☞ 공동욕실을 사용할 때 귀중품과 세안용품, 갈아입을 옷을 넣을 손잡이가 있는 큰 비닐봉지가 있으면 편리하다. 미처 준비하지 못했을 때는 현지에서 산 슈퍼마켓 봉지를 사용하면 된다.

Camino Portuguese Central

길에서 문화를 걷다

초판 1쇄 발행 2023년 1월 20일

지은이 조현미
펴낸이 김선기

펴낸곳 (주)푸른길
출판등록 1996년 4월 12일 제16-1292호
주소 (03877) 서울시 구로구 디지털로 33길 48
대륭포스트타워 7차 1008호
전화 02-523-2907, 6942-9570~2
팩스 02-523-2951
이메일 purungilbook@naver.com
홈페이지 www.purungil.co.kr

ISBN 978-89-6291-995-0 (03980)

Camino Portuguese Central

파드론 성당의 기사 형상의 성 야고보상

그런데 이 레콩키스타에 야고보 성인이 등장한다. 전설에 따르면 클라비호 전투(844년)에서 야고보 성인이 백마를 타고 나타나 무어족 군대를 무찔렀으며, 이에 힘입어 열세에 있던 그리스도교 군대가 승리를 거두었다. 이후 스페인 병사들은 전투가 벌어지면 "돌격, 산티아고! 스페인을 지켜라!"라고 외치며 싸웠다고 한다. 이 때문에 야고보 성인은 '마타 모로스(Mata Moros, 무어인을 죽인다는 뜻)'라는 별명을 얻었다. 이러한 시기에 야고보 성인의 무덤이 발견되었다는 소식은 전 유럽에 열풍을 불러일으켰다. 당시 교황 레오 3세는 이를 모든 그리스도교 국가에 일대 사건으로 알렸고, 야고보는 곧 성전(聖戰)을 치르고 있던 스페인 군대, 나아가 스페인의 수호성인이 되었다. 기독교 수호성인이 전사(戰士)의 형상을 한 것은 상당히 어색하고 부적절하게 보이지만, 이러한 국토 수복 전쟁 과정에서 신에 의지하고 신의 도움을 청하고자 했던 당시의 절박함이 이런 방식으로 구현된 것이라는 점에서 스페인 북부 지역에서의 야고보 기사상을 이해해야 할 것이다.

대성당 주변에는 역사적인 건축물들이 많이 있다. 그중 대성당 바로 옆의 산마르티뇨 피나리오 수도원(Monastery of San Martiño Pinario)은 그 규모가 엄청나다. 산마르티뇨 수도원은 베네딕토회 수도원으로, 스페인에서 두 번째로 큰 수도원이다. 대성당이 축성될 무렵 이곳의 오래된 작은 예배당으로 베네딕토회 수사들이 옮겨오면서 10세기에 건축이 시작되었다. 15세기 말까지 이 수도원은 갈리시아 지방에서 가장 부유하고 강력한 곳으로, 갈리시아 대부분의 수도원을 통제했다고 한다.

수도원 건물은 16세기 이후에 대부분 재건되었기 때문에 원래의 중세 건물은 거의 남아 있지 않지만, 박물관으로 개방된 곳만 둘러보아도 당시의 위세가 어느 정도였는지 짐작할 수 있다. 입구에서부터 수도사들의 의복 변천사를 알 수 있는 조형물이 길게 늘어선, '복식박물관'으로 꾸며진 긴 복도를 지나면 안쪽에 성당이 나타난다. 화려하게 장식된 제단을 비롯해 성당 내부를 둘러보는 데만도 시간이 한참 걸린다. 그리고 성당을 나오면 나타나는 미로처럼 되어 있는 수많은 방에도 성물과 그림, 많은 유적 등이 전시되어 있어서 1시간으로는 다 볼 수 없을 정도이며, 전시품뿐만 아니라 건축물의 아름다움도 빼놓을 수 없는 볼거리다. 그리고 중간중간 건물의 벽면에 설치되어 있는, 아마도 건축 단계에서부터 건물 일부로 구성되었던 것 같은 돌의자에 앉아서 창틈으로 오브라도리오 광장의 순례자들을 보는 것도 좋다. 산마르티뇨 수도원은 지역 사회 최고의 건축물 중 하나로 인정받고 있다. 그런데 대성당과 좁은 골목을 사이에 두고 있는 이 수도원 한편이 1성급 호텔이다. 대성당 주변에는 크고 작은 숙소가 헤아릴 수 없을 정도로 많지만, 다음에는 이곳에서 묵어봐야겠다. 알베르게 세미나리오 메노르도 의미 있는 곳으

산마르티뇨 수도원 정문

산마르티뇨 성당

산마르티뇨 성당 내부

로 참 좋은 선택이었다고 생각했는데, 데이비처럼 매일 숙소를 바꿔보는 것은 어떨까?

산티아고 데 콤포스텔라에서 가장 멋진 호텔이라면 역시 오브라도리오 광장, 네 귀퉁이 중 한 곳에 있는 파라도르 무세오 산티아고(Parador Museo Santiago), 즉 산티아고 박물관 '파라도르'일 것이다. 앞서 말한 것처럼 캐런과 데이비가 첫날 묵었던 곳으로, 내부가 궁금해서 나도 두 번째 산티아고를 찾았을 때 이곳을 이용했다. 그런데 파라도르 1층의 엥세브레 레스토랑(Enxebre Restaurant)을 이용해도 중정과 고풍 찬란한 건축 일부를 볼 수 있어 순례의 마지막을 이곳에서 마무리하는 사람들도 꽤 있는 것 같았다. 어쨌건 건축적인 아름다움과 함께 복도와 침실에 전시된 도자기와 그림들도 볼만한 곳으로, 박물관이라는 명칭에 걸맞게 호텔 안에는 16세기부터 현재에 이르기까지의 역사를 개관할 수 있도록 79군데에 걸쳐 안내판이 설치되어 있다.

이곳을 산티아고 데 콤포스텔라 왕립병원(Hospital Real de Santiago de Compostela)이라고 표기한 곳도 있는데, 이 명칭에서 산티아고 파라도르의 역사를 짐작할 수 있다. 1486년에 산티아고를 방문한 가톨릭 군주들이 사도 야고보의 도시 산티아고까지 온 순례자들을 위해 이곳에 왕립병원을 세우기로 했고, 1492년에 레콩키스타의 완결이라고 할 수 있는 그라나다 전투에서의 승리로 얻은 수입의 3분의 1을 왕립병원의 설립과 운영에 기부하기로 한 것이 1499년이다. 이를 계기로 1501년에서 1511년 사이에 왕실 건축가인 엔히크 에가스(Henrique Egas)가 병

파라도르 무세오 산티아고 레스토랑 입구(위), 중정(아래)

원 건물을 설계·감수하였고, 1519년 12월 프랑스 거장 마틴 드 블라스(Martín de Blas)와 기렌 콜라(Guillén Colás)가 르네상스 형식의 파사드를 추가하였으며, 1678년에는 프라이 토마스 알론소(Frei Tomás Alonso)에 의해 바로크 양식의 발코니가 만들어지는 등의 변화를 거쳐 중세 시대에 흔히 볼 수 있는 직사각형 평면도의 대형 병원들과는 사뭇 다른 독특한 건물이 완성되었다.

파라도르 무세오 산티아고의 내부

그리고 파라도르 건축의 문화적 의미와 함께 왕립병원의 역할에 대해서도 주목할 필요가 있다. 순례자와 빈자들의 구호가 설립 목적이었던 왕립병원은 오랫동안 빈자들을 위한 병실과 숙소, 아이들 양육 등의 임무를 수행해왔다. 이 모든 것은 중세의 순수한 종교적 이념의 틀 안에서 이루어졌다. 또한, 이 건물은 하나의 축소된 도시였다. 그곳에는 사제, 의료 종사원, 약제사, 회계사, 하인들로 이루어진 군단과 같은 자체 조직이 있었고, 마구간과 창고, 감옥, 포도주 저장고, 약초 재배 정원, 그리고 직원들이 거주하는 부속 주택들이 있었다. 수 세기에 걸쳐 두꺼운 벽으로 보호된 그곳에서는 병자들의 건강과 행복을 제공하는 것을 목표로 의료진의 양성은 물론 약학과 화학의 발전이 이루어졌다.

20세기 중반까지 병원으로 사용되었던 건물은 1953년에 아빌라주에 있는 칼레 갈레라스(Calle Galeras)에 지은 새 건물로 병원이 이전하면서 호텔(Hostal de los Reis Católicos)로 변모했다. 현재는 스페인의 파라도르 호텔 체인(Paradores de Turismo)의 네트워크에 통합되어 '파라도르 무세오 산티아고'라고 불린다. 세계에서 가장 오래된 유서 깊은 호텔 중 한 곳에서 순례자 도시의 역사를 보게 된다.

산티아고 데 콤포스텔라의 또 다른 랜드마크 중 한 곳으로 알라메다 공원(Alameda Park)이 있다. 이곳에서 바라보는 산티아고 대성당의 멋진 전망과 함께 구시가지와도 매우 가깝다는 점이 산티아고에 있는 수많은 공원 중에서 알라메다 공원을 최고의 관광명소로 꼽는 이유일 것이다. 이곳에는 이리아 플라비아의 산타마리아 성당에 묘비가 있었던 로살리